单片机及接口技术

◎主　编　赵雪章　曾绍稳　乔海晔

◎副主编　徐献圣　潘必超　李建波

◎参　编　陈孟祥　祝家东　任　香

◎主　审　魏　革

電子工業出版社

Publishing House of Electronics Industry

北京 • BEIJING

内 容 简 介

本书是在精品资源共享课程“单片机及接口技术”的基础上，精心编写的立体化配套教材。全书共9个项目，涵盖了单片机基础与接口的基本内容，包括Keil软件和Proteus软件的使用、LED广告灯的设计、数码管的应用、数字式电压表的设计与制作、点阵显示电路的设计与制作、单片机串行接口的设计与制作、数字温度计的设计与制作、计算器的设计与制作等内容。每个项目所有硬件电路和程序均经Proteus调试通过，具有较大的参考价值。

本书可作为职业院校机电类、电气类、电子类、信息类专业单片机课程的教材，也可作为相关行业工程技术人员的参考用书。

图书在版编目（CIP）数据

单片机及接口技术 / 赵雪章，曾绍稳，乔海晔主编. —北京：电子工业出版社，2020.11
ISBN 978-7-121-39348-8

Ⅰ. ①单… Ⅱ. ①赵… ②曾… ③乔… Ⅲ. ①单片微型计算机－基础理论－教材②单片微型计算机－接口技术－教材 Ⅳ. ①TP368.1

中国版本图书馆CIP数据核字（2020）第141340号

责任编辑：白　楠　　特约编辑：王　纲
印　　刷：涿州市般润文化传播有限公司
装　　订：涿州市般润文化传播有限公司
出版发行：电子工业出版社
　　　　　北京市海淀区万寿路173信箱　邮编：100036
开　　本：787×1 092　1/16　印张：14.75　字数：377.6千字
版　　次：2020年11月第1版
印　　次：2025年1月第7次印刷
定　　价：37.50元

凡所购买电子工业出版社图书有缺损问题，请向购买书店调换。若书店售缺，请与本社发行部联系，联系及邮购电话：（010）88254888，88258888。

质量投诉请发邮件至zlts@phei.com.cn，盗版侵权举报请发邮件至dbqq@phei.com.cn。

本书咨询联系方式：（010）88254591，bain@phei.com.cn。

前言

本书是在精品资源共享课程建设项目的基础上，依据职业教育教学改革的精神，结合单片机接口技术的最新发展而编写的，符合目前职业教育项目导向、任务驱动的课程改革方向。

本书是以 MCS-51 单片机开发及接口应用为主线，以 Keil 编译器、Proteus 设计软件为工具，基于 C 语言讲解单片机接口技术的教材。在本书的编写过程中，编者力求体现如下特色：在讲授知识、技能的同时，以应用项目贯穿知识、技能，强调学中做、做中学、好教好学；避免目前职业教育教学中重实践、轻理论的片面性问题；应用实例突出技能实践，精心设计 9 个应用项目，兼具传统性和创新性；书中有大量经典应用实例，既相互独立，又存在着内在联系，功能逐渐扩展，遵循由易到难、循序渐进的原则，非常适合职业院校学生的学习和训练。

本书采用 C 语言编程，将 C 语言学习融合在应用实例中，易教易学。全书共 9 个项目，前 4 个项目主要介绍单片机开发过程中所用到的基本知识和编程思路，可以帮助读者快速入门并掌握单片机的基本知识和C语言程序设计方法，包括Keil软件和Proteus软件的使用、LED 广告灯的设计、数码管的应用；项目五至项目九应用性、综合性较强，主要包括数字式电压表的设计与制作、点阵显示电路的设计与制作、单片机与单片机双机通信、数字温度计的设计与制作、计算器的设计与制作。此外，每个项目所有硬件电路和程序均经 Proteus 软件调试通过，具有较大的参考价值。

本书适用于已经学习过模拟电子技术、数字电子技术、C 语言基础的学生。本书的学习大约需 72 学时，其中项目一需 4 学时，项目二需 6 学时，项目三需 8 学时，项目四需 12 学时，项目五需 8 学时，项目六需 6 学时，项目七需 8 学时，项目八需 10 学时，项目九需 10 学时。使用时可根据具体情况酌情增减学时。

本书由广东金赋科技股份有限公司副总经理魏革主审，由佛山职业技术学院物联网团队编写，其中赵雪章对本书的编写思路与大纲进行总体策划，完成全书的统稿工作，并编写项目一、二、三，项目四由曾绍稳编写，项目五由乔海晔编写，项目六由徐献圣、陈孟祥编写，项目七由潘必超、陈孟祥编写，项目八由李建波、任香编写，项目九由曾绍稳、祝家东编写。在此感谢参与本书编写、审核、出版的全体人员。

由于时间紧迫，编者水平有限，书中不足之处在所难免，恳请广大读者批评指正。读者在阅读过程中遇到的问题、发现的错误、对本书内容和结构方面的意见或建议，请发送至 493975736@qq.com。

编者

目 录

项目一

初识单片机——控制单个 LED 闪烁

项目情境

全自动洗衣机、智能电饭煲、智能手机、智能变频空调等家用电器及移动通信产品的智能化潮流不可阻挡，几乎渗透到人们生活的每个领域，这些产品通常以单片机为控制核心。本项目将通过完成"控制单个 LED 闪烁"任务来介绍单片机和编程语言的基本知识。单个 LED 闪烁的硬件电路实物如图 1-1 所示。

图 1-1　单个 LED 闪烁的硬件电路实物

项目分析

第一次接触单片机，读者可能会感到很陌生、很神秘，本项目从最简单、最基本的单片机控制单个发光二极管（LED）入手，来帮助读者快速入门。本项目将构建单片机的最小应用系统，利用其一个引脚来控制发光二极管不停闪烁，具体要求如下。

（1）单片机 P1.5 引脚接发光二极管，采用低电平驱动方式。

（2）发光二极管间隔 1s 闪烁一次，重复运行。

（3）利用 Keil 进行编程，利用 Proteus 进行硬件电路的绘制及仿真。

完成此项目，需要熟悉单片机的原理及结构，掌握单片机最小系统运行的要求，同时熟悉 LED 灯的结构特性，熟悉 Keil 软件、Proteus 软件的使用。按照项目要求，把本项目分解成以下几个任务。

任务一 使用 Keil 编写程序

任务描述

正确熟练地使用 Keil 软件编写程序。

学习目标

技能目标	1. 掌握 Keil 软件的使用方法。 2. 使用 Keil 软件正确编写、编译程序。
知识目标	认识 Keil 软件。

一、Keil 软件概述

单片机开发中除必要的硬件外，软件同样不可缺少，需要将汇编语言源程序变为 CPU 可以执行的机器码。采用应用软件进行编译，将源程序变为机器码的方法称为机器编译。早期用于 MCS-51 单片机的汇编软件是 A51，随着单片机开发技术的不断发展，从普遍使用汇编语言到逐渐使用高级语言开发，单片机的开发软件也在不断发展，Keil 软件是目前最流行的单片机开发软件之一。它提供了包括 C 编译器、宏汇编、连接器、库管理、仿真调试器等的完整开发方案，通过一个集成开发环境（μVision4）将这些部分组合在一起，可以完成程序编辑、编译、连接、调试、仿真等开发流程。

二、Keil 软件的使用

1. 启动 Keil

确认在计算机上正确安装 Keil 后，双击桌面图标，启动 Keil 软件，其主界面如图 1-2 所示。Keil μVision4 启动后，程序窗口的左边有一个工程管理窗口，该窗口中还有 3 个标签，这三个标签分别显示当前项目的文件结构、CPU 的寄存器及部分特殊功能寄存器的值（调试时才出现）和所选 CPU 的附加说明文件，如果是第一次启动 Keil，那么这三个标签页全是空的。

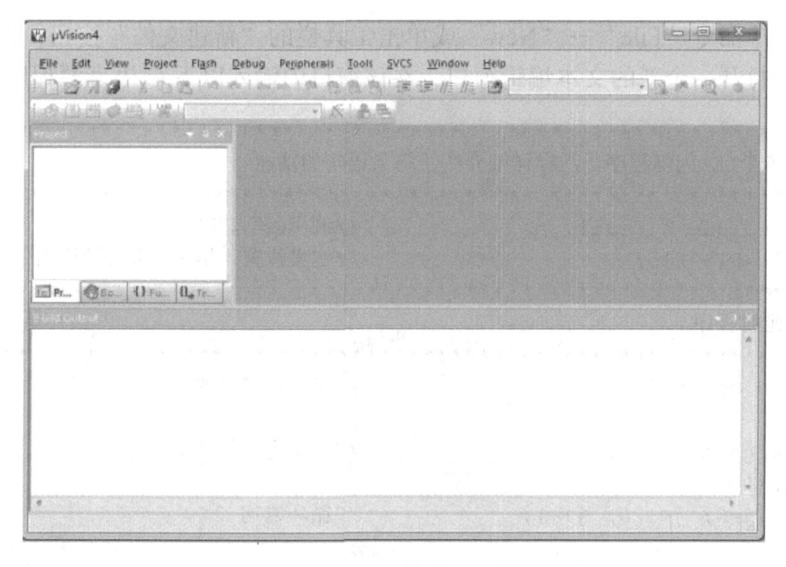

图 1-2　Keil 软件主界面

2．创建工程文件

单击菜单“Project”→“New Project”，在“Create New Project”（创建新项目）对话框中，输入工程名称，如“单个 LED 闪烁”，并选择保存路径，单击“保存”按钮。此时弹出如图 1-3 所示的对话框，按要求选择单片机型号。Keil 支持的 CPU 类型很多，选择 Atmel 公司的 AT89C51，找到 Atmel，单击前面的“+”，在展开的列表中选择“AT89C51”选项，单击“OK”按钮回到主界面。

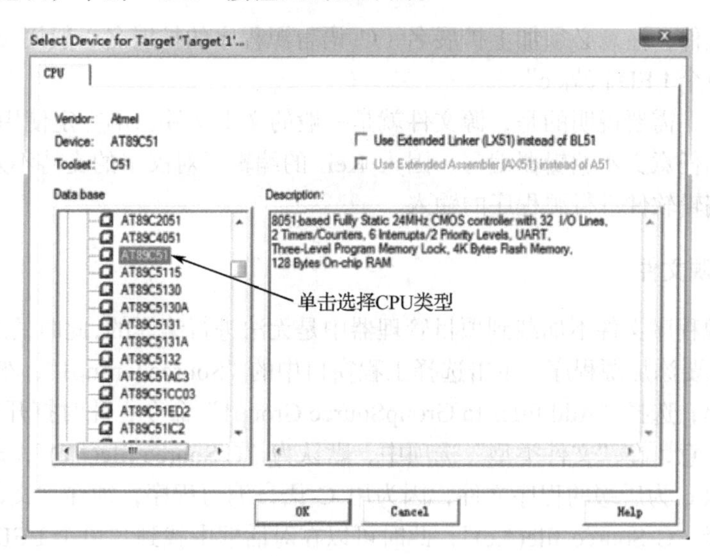

图 1-3　选择单片机型号

3．创建源文件

使用菜单命令“File”→“New”或单击工具栏的“新建文件”按钮，即可在项目窗口的右侧打开一个新的文本编辑窗口，在该窗口中输入以下C语言源程序。

```
//****************************************************************
//单个LED闪烁程序，注释详细介绍了每条语句的功能
//****************************************************************
# include < reg51. h>                   //调用C语言头文件
sbit PI5^P15;                           //定义位置，用P15来代替输出位P1^5端口
//****************************************************************
//延时程序
//****************************************************************
void delay(int x)                       //定义延时函数
{
unsigned int i, j;                      //定义无符号整型变量
for(i=0; i<x; i++)
for(j=0; j<120; j++);                   //循环语句
}
//****************************************************************
//主函数
//****************************************************************
main()                                  //主函数，程序从主函数开始执行
{
P15=0;                                  //P15赋值为0，使P15输出低电平，点亮LED
Delay(1000);                            //调用延时程序，使LED亮一段时间
P15=1                                   //P15赋值为1，使P15输出高电平，熄灭LED
delay(1000)                             //调用延时程序，使LED熄灭一段时间
}                                       //主程序结束
```

保存该文件，注意必须加上扩展名（C语言源程序的扩展名一般用c），这里将文件保存为“单个LED闪烁.c”。

温馨提示：需要说明的是，源文件就是一般的文本文件，不一定使用Keil软件编写，可以使用任意文本编辑器编写，因为Keil的编辑器对汉字的支持不好，建议使用UltraEdit等编辑软件进行源程序的输入。

4．添加源文件

新建的源程序文件不加载到项目管理器中是无法进行编译的，此时的工程还是一个空白工程，需要添加源程序。单击选择工程窗口中的“Source Group1”，然后单击右键，出现下拉菜单，选择“Add Files to GroupSource Group1”命令，此时打开如图1-4所示的对话框。注意，在“文件类型”选项中，默认为“C Source file(*.c)”，即对话框中所显示文件是以.c为后缀的程序文件，因为用C语言编写程序，须在“文件类型”下拉列表框中选择“C Source file(*.c)”，此时可以在对话框中找到“单个LED闪烁.c”，单击“Add”按钮，就在工程窗口“Source Group 1”的目录下成功添加了源程序文件“单个LED闪烁.c”。如果需要增加其他程序文件，可继续查找，并单击“Add”按钮。否则，可单击“Close”按钮，关闭该对话框。

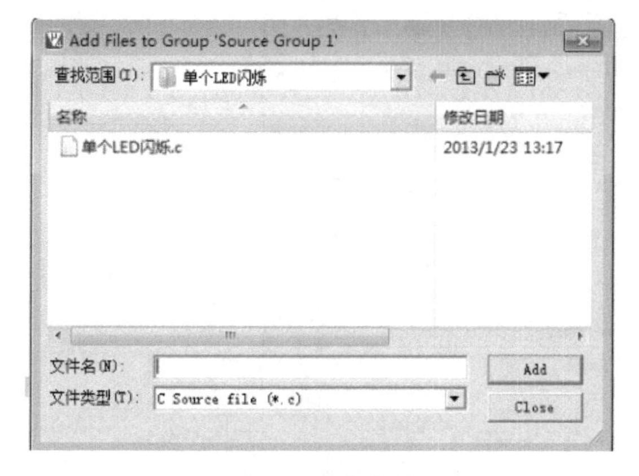

图 1-4　添加文件

5. 工程参数设置

工程建立后，还需要对工程属性进行设置，以满足要求。右键单击工程窗口中“Target 1”，在弹出的下拉菜单中选择“Options for Target 'Target 1'”命令，如图 1-5 所示，出现工程属性设置界面，如图 1-6 所示。大部分属性设置可以采用默认选项，对于 Proteus 仿真，主要设置以下两个参数。

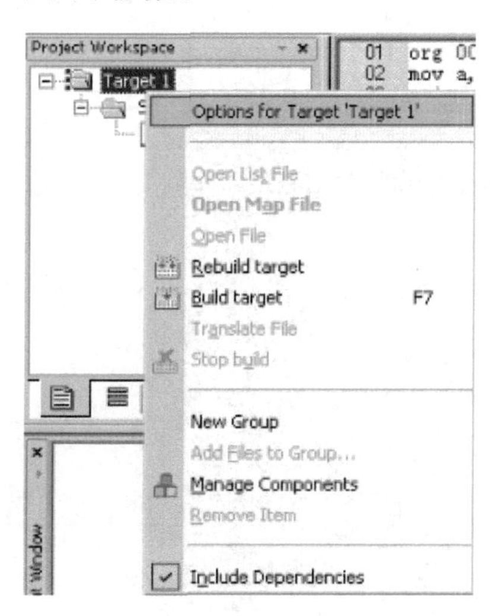

图 1-5　工程属性设置菜单

（1）在“Target”选项卡下的“Xtal(MHz)”中设置晶振频率，如图 1-6 所示。默认值为所选目标 CPU 最高可用频率值，对 AT89C51 而言，最高可用频率为 33MHz，所以默认值为 33.0，这里设定为 12.0。

（2）在“Output”选项卡中，选中“Create HEX File”复选框，如图 1-7 所示，默认此项未选。该项用于生成可执行代码文件，即可烧写入单片机芯片的 HEX 格式文件，在应用 Proteus 仿真时，须选中此项。

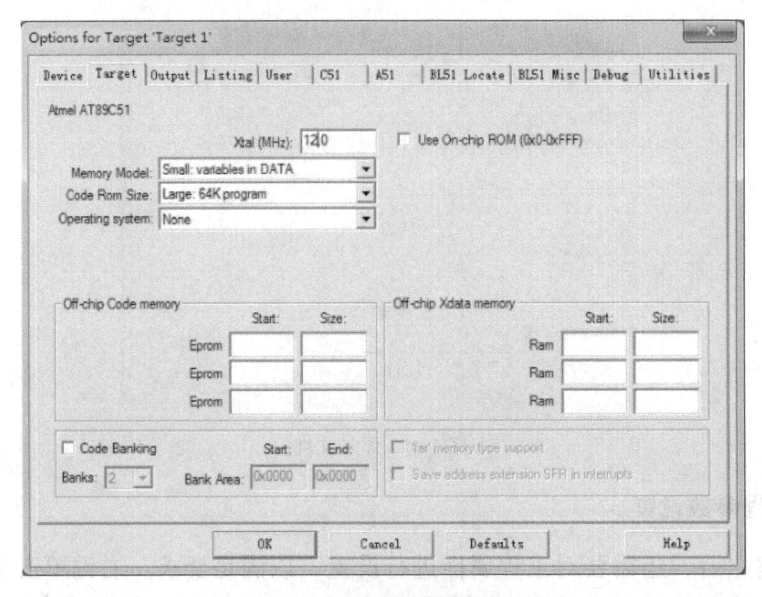

图 1-6　工程属性设置界面

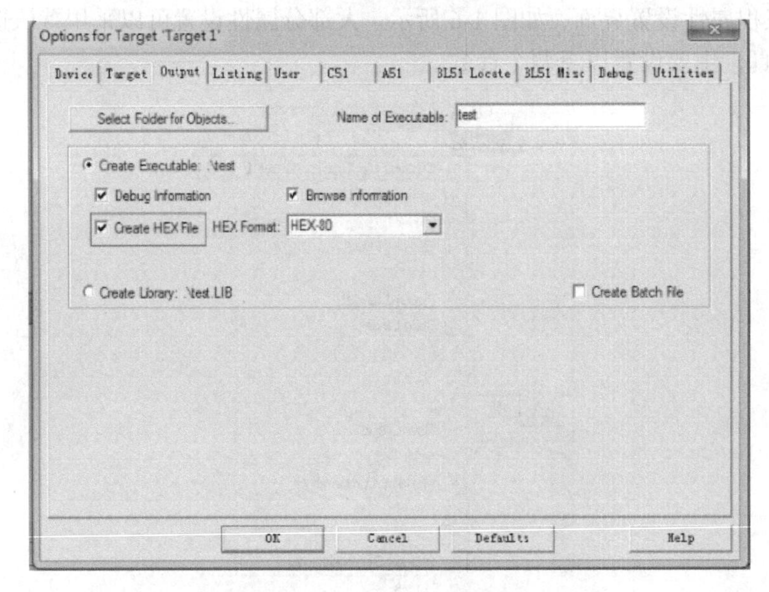

图 1-7　输出设置界面

6. 编译、连接、调试

在设计好工程属性后，即可进行程序编译、调试及工程的连接。单击菜单命令“Project”→“Build Target”，对源文件进行编译，生成目标代码。编译、连接工具栏如图 1-8 所示，各工具按钮从左至右分别为编译、编译连接、重建编译、停止编译等。

图 1-8　编译、连接工具栏

编译过程中的信息会出现在输出窗口的 Build 页中，如果程序无语法错误，则出现“0 Error(s), 0 Warning(s)”提示，否则单击出现的错误进行相应检查。

任务二 使用 Proteus 设计仿真电路图

任务描述

正确熟练地使用 Proteus 软件进行电路设计。

学习目标

技能目标	1．掌握 Proteus 软件的使用方法。 2．使用 Proteus 软件进行电路设计。
知识目标	认识 Proteus 软件。

一、Proteus 软件概述

Proteus 是英国 Lab Center Electronics 公司开发的 EDA（Electronic Design Automation，电子设计自动化）工具软件。它不仅具有其他 EDA 工具软件的仿真功能，还能仿真单片机及外围器件。Proteus 是将电路仿真软件、PCB 设计软件和虚拟模型仿真软件三合一的设计平台，其处理器模型支持 8051、HC11、PIC10/12/16/18/24/30/dsPIC33、AVR、ARM、8086 和 MSP430 等，高级版本甚至支持 Cortex 和 DSP 系列处理器。在编译方面，它也支持 IAR、Keil 和 MPLAB 等多种编译器。

二、Proteus 软件的界面

安装完 Proteus 软件后，运行 ISIS 7 Professional，进入 Proteus 软件界面，如图 1-9 所示。该界面主要功能如下。

1．菜单栏

菜单栏共由 12 部分组成，菜单栏的功能大部分可以通过工具栏中的图标完成。编辑原理图的时候，使用工具栏中的图标更快捷、方便。

2．原理图编辑区

原理图编辑区是用来编辑原理图的区域，启动主界面后，在该区域会出现蓝色方格。设计原理图时，元件须放到其中，该区域窗口是没有滚动条的，需要单击预览窗口，移动鼠标来改变原理图的可视范围，利用鼠标滚轮可以进行视图的缩放。

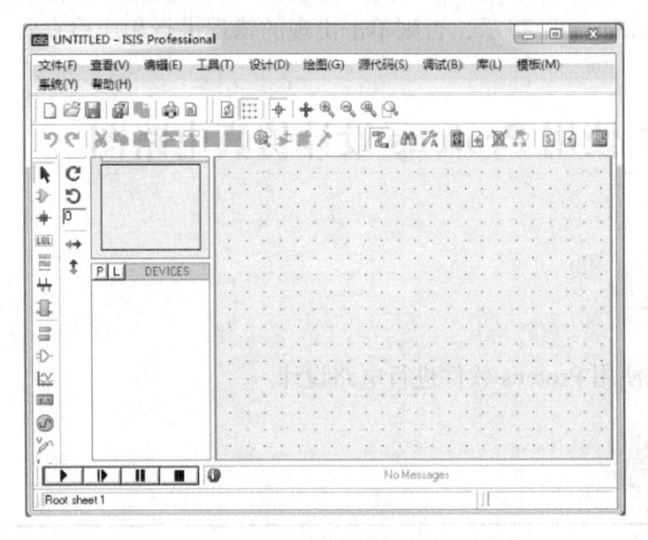

图 1-9　Proteus 软件界面

3. 预览窗口

预览窗口主要用于单个元件和整个原理图的预览。当添加元件后，单击元件列表中的某个元件，则在预览窗口可以看到对应元件的形状、朝向，方便识别元件及调整元件方向。单击原理图编辑区之后，预览窗口显示整个原理图，此时通过拖动预览窗口，可以改变原理编辑区的可视范围。

4. 元件选取

此窗口用来显示用户所选择的元件，在需要编辑原理图时，单击该窗口对应的元件，再单击原理图编辑区，可以把元件添加到原理图中。

5. 模型工具栏

模型工具栏，顾名思义，用来选择对应的模型、配件、图形等，下面列出工具栏中部分图标的功能。

：元件选择，单击此图标，在元件列表中显示用户所选元件。

：绘制总线，绘图时，采用总线可以让原理图更加简洁、直观。

：终端接口，主要用来添加电源（POWER）、地（GROUND）等接口。

：器件引脚，用于绘制各种引脚。

：虚拟仪表，添加各种仪器仪表，如示波器等。

：直线，用来绘制直线图形、导线。

6. 调整工具栏

：顺时针旋转，默认是旋转 90°，通过旁边的输入框可输入对应的旋转角度，输入值为 90° 的整数倍。

：逆时针旋转。

：水平翻转。

：垂直翻转。

：用于显示整个图形。

：以鼠标所选窗口为中心显示图形。

：放大编辑窗口内的图形。

：缩小编辑窗口内的图形。

7. 仿真工具栏

原理图完成后，可以单击仿真工具栏进行仿真。

：运行，单击该按钮，可以显示电路运行效果。

：单步运行。

：暂停。

：停止。

三、Proteus 绘制电路图实例

下面以绘制单片机最小系统图为例，介绍 Proteus 软件的使用方法。

1. 打开 ISIS Professional 的编辑界面

在桌面上选择菜单命令“开始”→“程序”→“Proteus 7 Professional”→“ISIS 7 Professional”，打开应用程序，如图 1-10 所示。

图 1-10 打开应用程序

ISIS Professional 的编辑界面如图 1-11 所示。

2. 元件选取

元件选取就是把元件从“元件选取”对话框中选取到图形编辑界面的对象选择器中，元件选取共有两种方法，下面分别介绍。

本例所用到的元件清单见表 1-1。

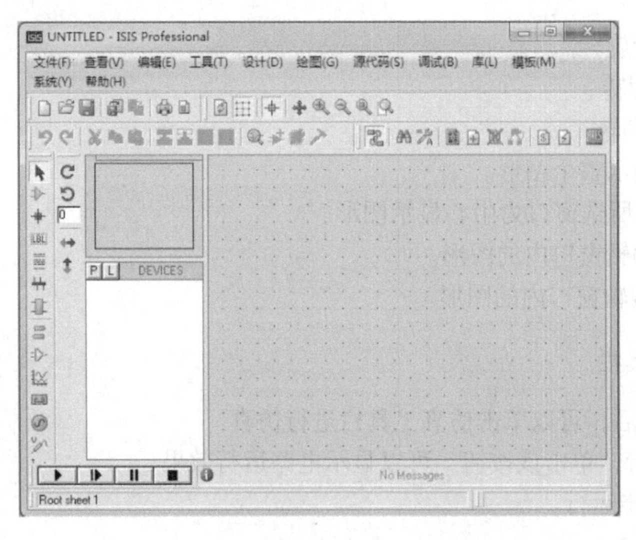

图 1-11　ISIS Professional 的编辑界面

表 1-1　本例所用到的元件清单

元件名称	所属类	所属子类
CAP-ELEC	Capacitors	Generic
CAP	Capacitors	Generic
CRYSTAL	Miscellaneous	
AT89C51	Microprocessor ICs	8051 Family
RES	Resistors	Generic

用鼠标左键单击图 1-11 所示界面左侧对象选择器的“P”按钮，弹出“Pick Devices”（元件选取）对话框，如图 1-12 所示。

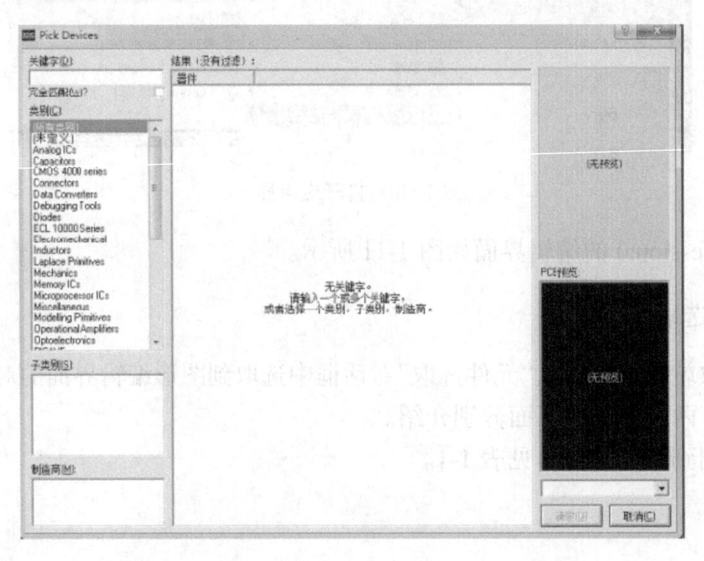

图 1-12　“Pick Devices”（元件选取）对话框

1）方法一：按类别选取元件

元件通常以其英文名称或器件代号在库中存放。在选取一个元件时，首先要清楚它属于哪一大类，还要知道它归属哪一子类，这样就缩小了查找范围，然后在子类所列出的元件中逐个查找，根据显示的元件符号、参数来判断是否找到了所需要的元件。双击找到的元件名，该元件便被选取到对象选择器中了。

按照表 1-1 中的顺序来依次选取元件。首先是充电电容 CAP-ELEC，在图 1-12 所示对话框中，在“类别”中选中“Capacitors”（电容类），在下方的“子类别”中选中“Generic”，查询结果元件列表中有几个元件，如图 1-13 所示。选中“CAP-ELEC”并单击右下角的“确定”按钮，选取元件后对话框关闭。连续选取元件时不要单击“确定”按钮，直接双击元件名可继续选取。

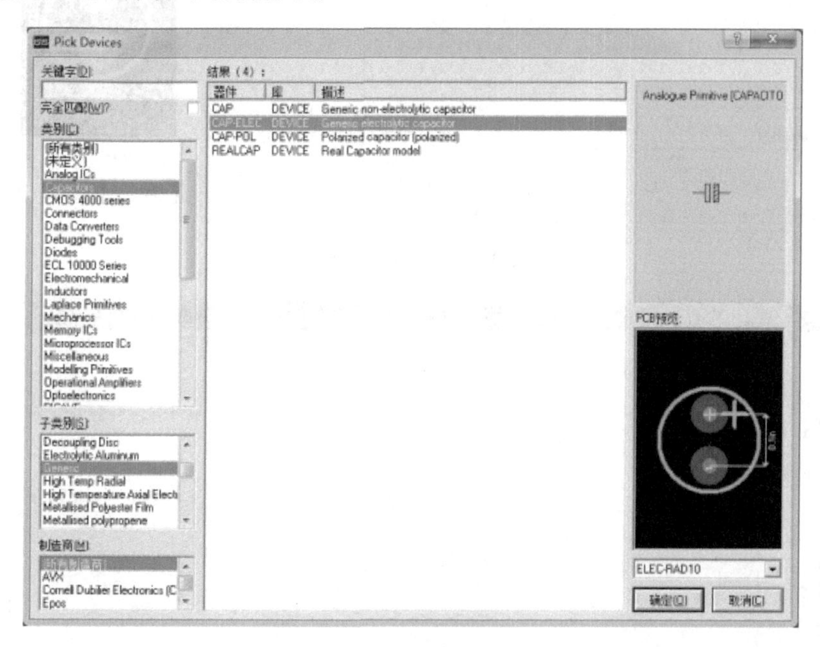

图 1-13　分类选取元件

元件选取对话框共分三部分，左侧从上到下分别为关键字输入、类别列表、子类别列表和制造商列表，中间为查到的元件列表，右侧自上而下分别为元件图形和元件封装。

2）方法二：直接选取元件

把元件的全称或部分名称输入“Pick Devices”对话框中的“关键字”栏，在中间的“结果”列表中显示找到的匹配元件，如图 1-14 所示。

这种方法主要用于对元件名熟悉之后，为节约时间而直接查找。对于初学者来说，还是分类查找比较好，一是不用记太多的元件名，二是可以对元件的分类有一个清楚的认识，利于以后对大量元件的选取。

按照电容的选取方法，依次把需要的元件选取到编辑界面的对象选择器中，然后关闭元件选取对话框。元件选取后的界面如图 1-15 所示。

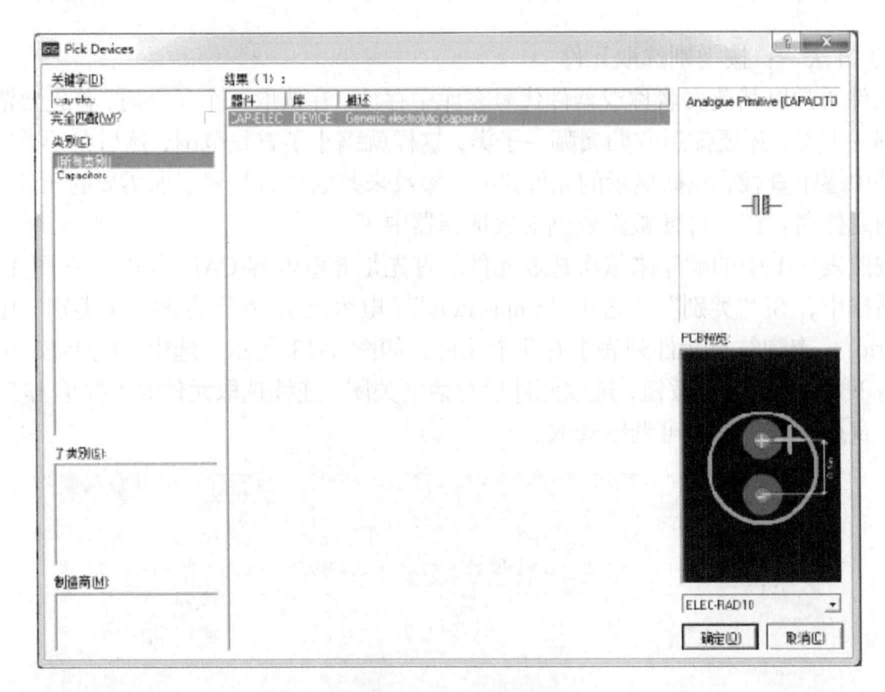

图 1-14　直接选取元件

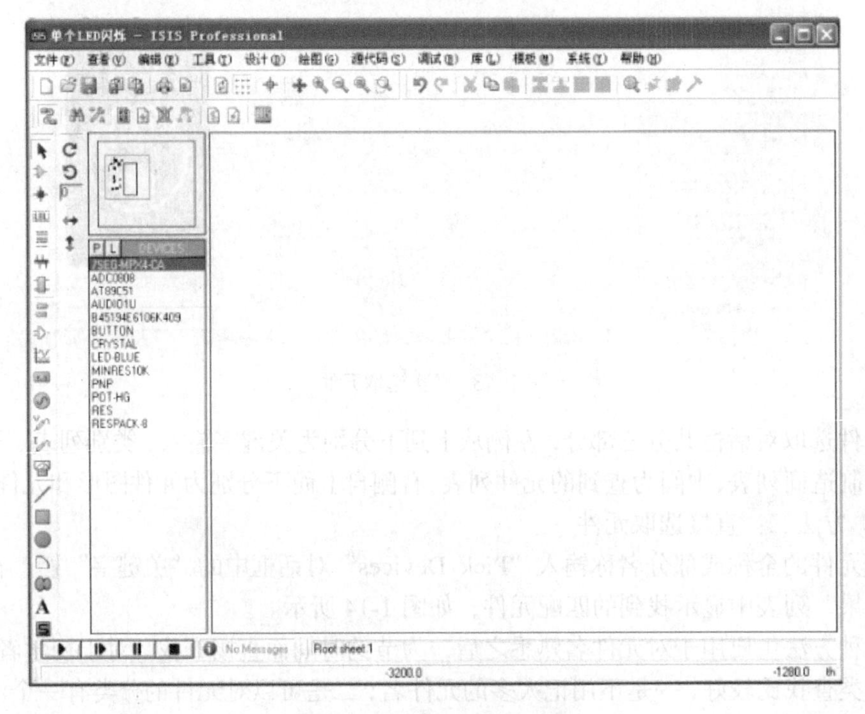

图 1-15　元件选取后的界面

3. 元件和电源放置

将元件从对象选择器放置到图形编辑区中。用鼠标单击对象选择器中的某一元件名，把鼠标指针移动到图形编辑区，双击鼠标左键，元件即被放置到图形编辑区中。有的元件需要放置多次。例如，瓷片电容要放置两次，因为本例中用到两个瓷片电容。

单击左侧工具栏图标，单击 POWER 和 GROUND，元件布置如图 1-16 所示。

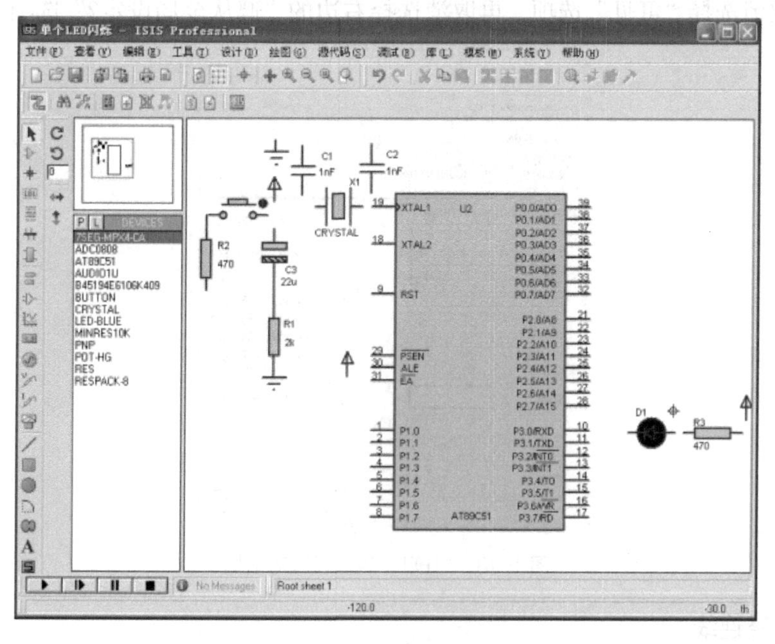

图 1-16　元件布置

元件存盘，建立一个名为“单个 LED 闪烁”的文件夹，选择菜单命令“文件”→“Save Design As”，在打开的对话框中把文件保存为“单个 LED 闪烁”文件夹下的“单个 LED 闪烁.DSN”，只需要输入“单个 LED 闪烁”，扩展名系统会自动添加。

4．设置元件参数

双击原理图编辑区中的电容 C1，弹出“编辑元件”对话框，如图 1-17 所示，把 C1 的“Capacitance”（电容量）改为 30pF。按照同样的方法，将电容 C2 的电容量改为 30pF。

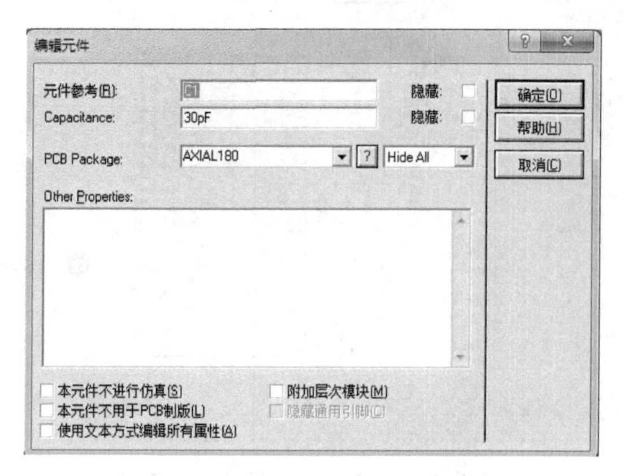

图 1-17　“编辑元件”对话框

注意每个元件的旁边显示灰色的“<TEXT>”，为使电路图简洁，可以取消此文字显示，双击此文字，打开一个对话框，如用 1-18 所示，在该对话框中选择“Style”选项卡，先取消选择“可见”选项，再取消选择右边的“遵从全局设定?”选项，单击“确定”按钮。

图 1-18 “TEXT”属性设置对话框

5. 电路连线

电路连线采用按格点捕捉和自动连线的形式，首先确定编辑窗口上方的自动连线图标和自动捕捉图标为按下状态。Proteus 的连线是非常智能的，系统会判断下一步的操作是想连线，从而自动连线，而不需要选择连线操作。用鼠标左键单击编辑区元件的一个端点，拖动到要连接的另外一个元件的端点，先松开左键，再单击左键，即完成连线。如果要删除一根连线，右键双击连线即可。可单击图标 取消背景格点显示，单个 LED 闪烁仿真电路图如图 1-19 所示。

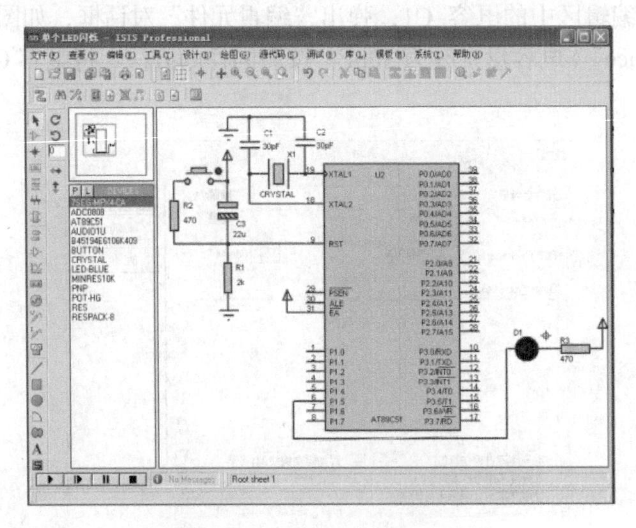

图 1-19 单个 LED 闪烁仿真电路图

连线完成后，如果想回到选取元件状态，单击左侧工具栏中的元件选取图标 即可，需要记住存盘。

任务三 编写程序控制单个 LED 闪烁

任务描述

编写程序实现单个 LED 闪烁。

学习目标

技能目标	1．能够使用 Keil 软件编写控制程序。 2．能够使用 Proteus 软件设计单个 LED 闪烁仿真电路。 3．能够掌握结合 Keil 软件、Proteus 软件进行电路仿真调试的方法。
知识目标	1．认识单片机结构。 2．掌握 LED 控制方法。 3．能够使用 C 语言进行简单编程。

一、仿真电路设计

参考任务二和表 1-1，启动 Proteus 软件，绘制原理图，以文件名“单个 LED 闪烁.DSN”保存。

二、程序设计

绘制好电路图后，进行程序设计，打开 Keil 软件。欲点亮 P1.5 脚所接发光二极管，使 P1.5 脚输出低电平即可，编写以下程序，保存为“单个 LED 闪烁.c”，编译生成“单个 LED 闪烁.hex”文件。

```
#include <reg51.h>//头文件
sbit led=P1^0;//将P1.0端口定义为led
/*******************************************************************/
/*                                                                 */
/* 延时函数                                                         */
/*                                                                 */
/*******************************************************************/
void delay(unsigned int i)
{
    unsigned int j;
    unsigned char k;
```

```
    for(j=i;j>0;j--)
        for(k=125;k>0;k--);
}
/*******************************************************************/
/*                                                                 */
/* 主函数                                                          */
/*                                                                 */
/*******************************************************************/
void main()
{
    unsigned char m;
    for(m=20;m>0;m--)        //循环20次，闪烁10次后，不再闪烁
    {
        led=~led;            //每隔一段时间即对输出取反
        delay(3000);         //闪烁间隔
    }
    while(1);
}
```

三、仿真与调试运行

返回 Proteus 主界面，打开名称为“TEST”的电路图。双击电路图中的“AT89C51”元件，弹出“编辑元件”对话框，如图 1-20 所示。在“Program File”栏中，单击添加程序文件“单个 LED 闪烁.hex”，单击“确定”按钮完成设置。

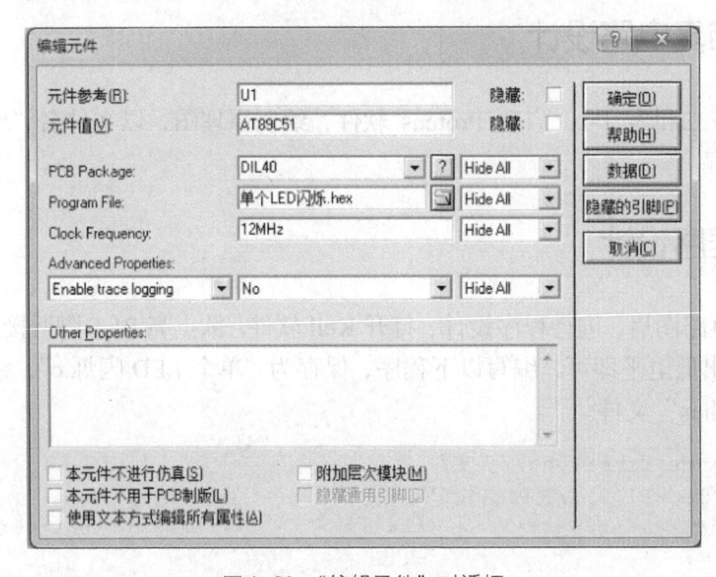

图 1-20 “编辑元件”对话框

单击运行按钮▶，进入仿真运行平台，可以看到运行效果，单个 LED 闪烁仿真效果如图 1-21 所示。

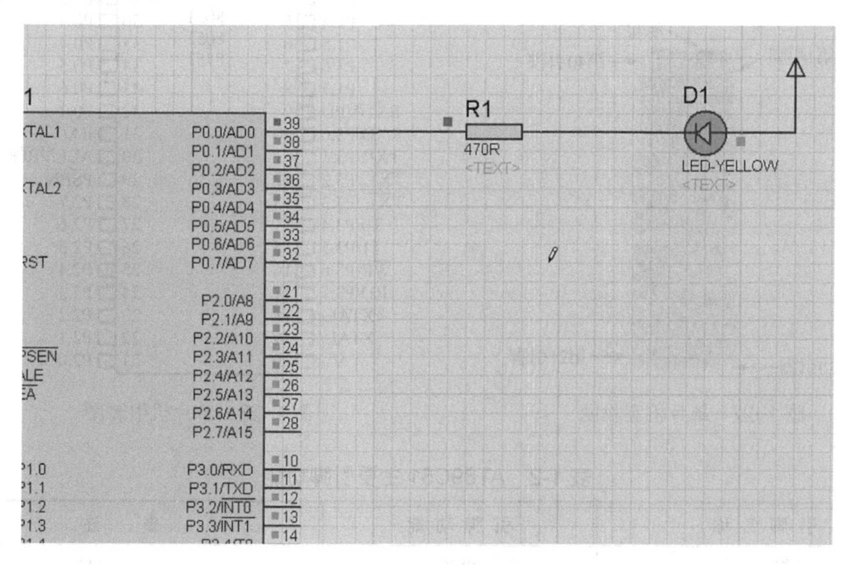

图 1-21　单个 LED 闪烁仿真效果

知识准备

知识点一　初识单片机

单片机在人们日常生活中几乎无处不在，全自动洗衣机、厨房排烟机、DVD 机等各种家用电器上都可以找到它的身影。单片机在这些电器中充当控制核心的角色，相当于人的大脑。

单片机的发展经历了由 4 位到 8 位，再到 16 位，直至今天 32 位的过程。目前 8 位单片机应用仍然非常广泛，本书主要以极具代表性的 MCS-51 系列为学习研究对象，介绍 51 系列单片机的硬件结构、工作原理及应用系统的设计。

单片机也称微控制器（Micro Controller Unit，MCU）。它是一个小而完善的计算机系统，集成了中央处理器（CPU）、随机存储器（RAM）、只读存储器（ROM）、多种 I/O 口和中断系统。常见的 51 系列单片机采用双列直插 DIP40 的封装方式，图 1-22 所示为单片机实物图，共有 40 只引脚，在区分引脚时，引脚朝下，“缺口”左端为第 1 引脚，依次往下直到第 20 引脚，第 20 引脚对面为第 21 引脚，依次往上，直至第 40 引脚。单片机引脚图如图 1-23 所示，AT89C51 主要引脚功能见表 1-2。

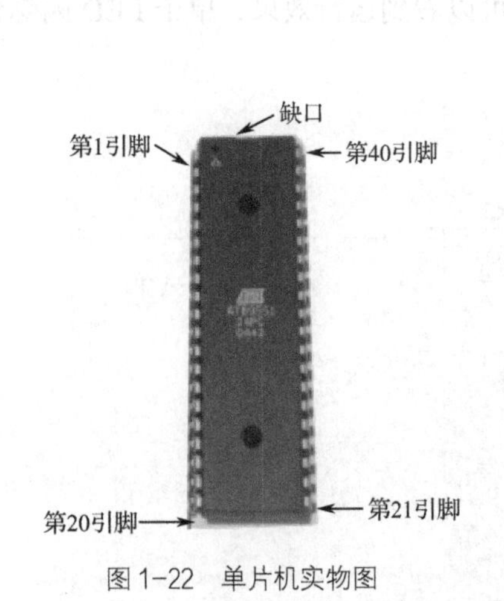

图 1-22　单片机实物图

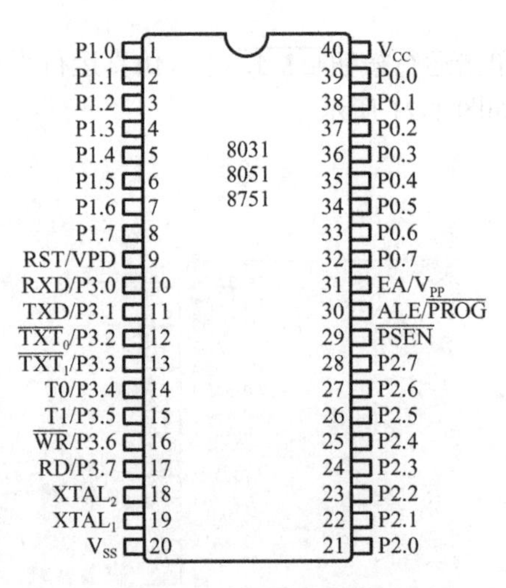

图 1-23　单片机引脚图

表 1-2　AT89C51 主要引脚功能

引 脚 名 称	引 脚 功 能	备　注
V_{CC}（第 40 引脚）	电源	4.0～5.5V
V_{SS}（第 20 引脚）	接地	
$XTAL_2$（第 18 引脚）	片内振荡电路输出端	频率 0～33MHz
$XTAL_1$（第 19 引脚）	片内振荡电路输入端	
RST（第 9 引脚）	复位引脚	两个机器周期高电平使单片机复位
EA/V_{PP}（第 31 引脚）	程序存储器	接高电平时选择内部程序存储器
ALE/PROG（第 30 引脚）	地址锁存允许信号	在系统扩展时使用
P0.0～P0.7	8 位双向 I/O 口	用 P0 驱动门电路时，必须加上拉电阻
P1.0～P1.7	8 位准双向 I/O 口	P1 口
P2.0～P2.7	8 位准双向 I/O 口	P2 口
P3.0～P3.7	8 位准双向 I/O 口	P3 口，具有第二功能，在项目二中介绍

知识点二　单片机基本结构

51 系列单片机主要由 8 位通用中央处理器（CPU）、程序存储器（ROM）、数据存储器（RAM）、定时/计数器、并行端口、串行端口、中断系统、系统总线和外围电路等组成，其内部结构如图 1-24 所示。

1．CPU

CPU 是单片机的控制核心，MCS-51 系列中的 CPU 是 8 位数据宽度的处理器，能处理 8 位二进制数据或代码，主要作用是进行运算和控制输入/输出功能等操作。

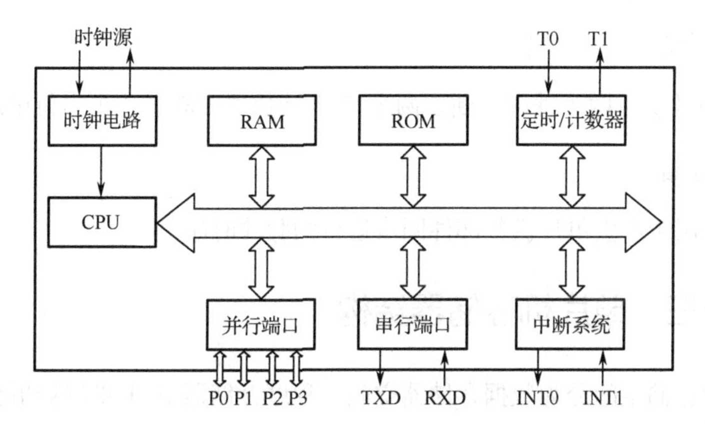

图 1-24　51 系列单片机内部结构

2．片内数据存储器（RAM）和特殊功能寄存器（SFR）

RAM 用于存放读写的数据、运算的中间结果或用户定义的字型表，共有 128 个 8 位数据存储单元。

SFR 是专用寄存器，只能用于存放控制指令数据，用户只能访问，而不能用于存放用户数据。

3．程序存储器（ROM）

ROM 用于存放用户程序、原始数据或表格，AT89C51 单片机有 4KB 的程序存储空间，当第 31 引脚接高电平时，单片机首先执行片内程序存储器中的程序，然后执行片外存储器中的程序；当第 31 引脚接低电平时，只执行片外存储器中的程序。在单片机运行状态下，ROM 中的数据只能读、不能写，所以又叫只读存储器。当前 AT89 系列单片机芯片带有 EEPROM，即电可擦写程序存储器，需要借助专用工具（烧录器或下载器）把程序代码写入 EEPROM 中。

4．定时/计数器 T0、T1

它们是两个 16 位定时/计数器，可用作定时器，也可用于对外部脉冲进行计数中断。

5．并行端口

51 系列单片机有 4 个 I/O 端口，每个端口都是 8 位准双向口，共占 32 只引脚。每个端口都包括一个锁存器（即专用寄存器 P0 ~ P3）、一个输出驱动器和输入缓冲器。

6．串行端口

全双工串行通信口，用于与其他设备间的串行数据通信，该串行口既可以用作异步通信收发器，也可以作为同步移位器使用。

7．中断系统

51 系列单片机有两个外部中断、两个定时/计数器中断和一个串行中断。

8．时钟电路

时钟电路用于产生单片机各部件同步运行的脉冲时序。

知识点三　单片机存储器结构

单片机的存储空间分为数据存储器空间、程序存储器空间和特殊功能寄存器空间，下面分别介绍。

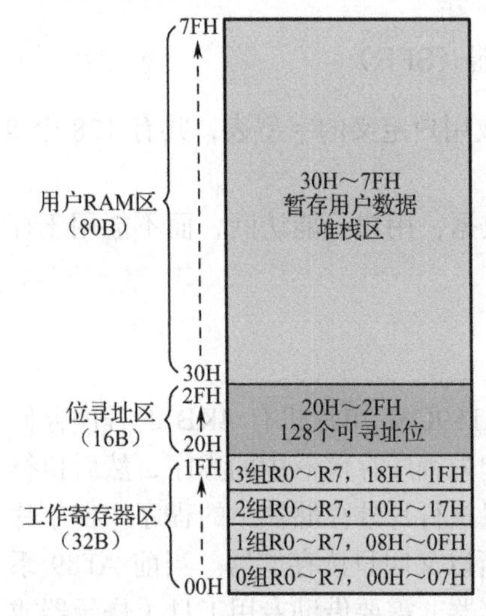

图 1-25　片内数据存储器区域划分

1．数据存储器

数据存储器空间分为片内和片外两部分，采用不同的方式进行寻址。

1）片内数据存储器

片内数据存储器空间为 128B，地址范围为 00H～7FH，按其用途划分为 3 个区域，如图 1-25 所示。

（1）工作寄存器区。

4 组通用工作寄存器区占 00H～1FH 共 32 个单元地址，每组包含 8 个 8 位的工作寄存器，以 R0～R7 为寄存单元编号。在任一时刻，CPU 只能使用其中的一组寄存器，以 RS1、RS0 位的状态组合来决定。

（2）位寻址区。

地址为 20H～2FH 的 16 个单元，既可以进行字节操作，也可以进行位操作，称为位寻址区，共计 128 位，位地址为 00H～7FH。51 系列单片机具有布尔处理机功能，位寻址区可以构成布尔处理机的存储空间。这种位寻址能力是 51 系列单片机的一个重要特点，在 C51 的扩展数据类型中，可以定义位类型（bit）变量。表 1-3 为位寻址区的位地址。

表 1-3　位寻址区的位地址

单元地址	位地址							
	D7	D6	D5	D4	D3	D2	D1	D0
2FH	7FH	7EF	7DH	7CH	7BH	7AH	79H	78H
2EH	77H	76H	75H	74H	73H	72H	71H	70H
2DH	6FH	6EH	6DH	6CH	6BH	6AH	69H	68H

续表

单元地址	位地址							
	D7	D6	D5	D4	D3	D2	D1	D0
2CH	67H	66H	65H	64H	63H	62H	61H	60H
2BH	5FH	5EH	5DH	5CH	5BH	5AH	59H	58H
2AH	57H	56H	55H	54H	53H	52H	51H	50H
29H	4FH	4EH	4DH	4CH	4BH	4AH	49H	48H
28H	47H	46H	45H	44H	43H	42H	41H	40H
27H	3FH	3EH	3DH	3CH	3BH	3AH	39H	38H
26H	37H	36H	35H	34H	33H	32H	31H	30H
25H	2FH	2EH	2DH	2CH	2BH	2AH	29H	28H
24H	27H	26H	25H	24H	23H	22H	21H	20H
23H	1FH	1EF	1DH	1CH	1BH	1AH	19H	18H
22H	17H	16H	15H	14H	13H	12H	11H	10H
21H	0FH	0EH	0DH	0CH	0BH	0AH	09H	08H
20H	07H	06H	05H	04H	03H	02H	01H	00H

（3）用户 RAM 区。

地址为 30H ~ 7FH 的单元为用户 RAM 区，只能进行字节寻址，用于存放操作数以及作为堆栈区使用。C51 程序中定义的变量就存放在这个空间。

2）片外数据存储器

当片内 128 B 的数据存储器不够用时，需要外扩 RAM。51 系列单片机最多可外扩 64KB（0000H ~ FFFFH）的 RAM。

单片机使用不同指令访问内部数据存储器和外部 RAM，所以即使地址相同的存储单元，也不会发生数据冲突。

2. 特殊功能寄存器

1）特殊功能寄存器的地址分布

特殊功能寄存器与内部 RAM 统一编址。21 个可寻址的特殊功能寄存器不连续地分布在片内 RAM 的高 128 字节（80H ~ FFH）中，尽管其中还有许多空闲地址，但用户不能使用。表 1-4 给出了特殊功能寄存器的地址分布。

表 1-4　特殊功能寄存器的地址分布

序号	SFR	SFR 名称	字节地址	位地址	说明
1	B	寄存器 B	F0H	F7H～F0H	算术和逻辑运算
2	ACC	累加器	E0H	E7H～E0H	
3	PSW	程序状态字	D0H	D7H～D0H	
4	IP	中断优先级控制寄存器	B8H	BFH～B8H	中断系统

续表

序　号	SFR	SFR 名称	字节地址	位地址	说　明
5	P3	并行 I/O 端口 P3	B0H	BFH～B0H	位名称：P3.7～P3.0
6	IE	中断允许控制寄存器	A8H	AFH～A8H	中断系统
7	P2	并行 I/O 端口 P2	A0H	A7H～A0H	位名称：P2.7～P2.0
8	SBUF	串行口数据缓冲器	99H	不能位寻址	串口
9	SCON	串行口控制寄存器	98H	9FH～98H	
10	P1	并行 I/O 端口 P1	90H	97H～90H	位名称：P1.7～P1.0
11	TH1	定时器/计算器 1 高 8 位	8DH	不能位寻址	定时器/计算器
12	TH0	定时器/计算器 0 高 8 位	8CH		
13	TL1	定时器/计算器 1 低 8 位	8BH		
14	TL0	定时器/计算器 0 低 8 位	8AH		
15	TMOD	定时器/计算器方式寄存器	89H		
16	TCON	定时器/计算器控制寄存器	88H	8FH～88H	
17	PCON	电源控制寄存器	87H	不能位寻址	串口波特率设置
18	DPH	数据指针高 8 位	83H		间接寻址数据指针
19	DPL	数据指针低 8 位	82H		
20	SP	堆栈指针	81H		堆栈操作
21	P0	并行 I/O 端口 P0	80H	87H～80H	位名称：P0.7～P0.0

在可寻址的 21 个特殊功能寄存器中，有 11 个寄存器不仅可以字节寻址，也可以位寻址。

2）特殊功能寄存器的使用

在单片机的 C 语言程序设计中，可以通过关键字 sfr 来定义所有特殊功能寄存器，从而在程序中直接访问它们。例如：

```
sfr  P1=0x90;    //特殊功能寄存器P1的地址是90H，对应P1口的8个I/O引脚
```

在程序中就可以直接使用 P1 这个特殊功能寄存器了。例如，程序 ex3.c 中有下面的语句。

```
P1=0x00;              //将P1口的8位I/O口全部清0
```

通常情况下，这些特殊功能寄存器已经在文件 REGX51.H 中定义了，只要在程序中包含了这个文件，就可以直接使用已定义的特殊功能寄存器。

在 C 程序中，还可以通过关键词 sbit 来定义特殊功能寄存器中的可寻址位。例如，程序 ex1.c 中有下面的语句。

```
sbit  LED=P1^0;          //定义P1口的第0位的位名称为LED
LED=0;                   //P1口的第0位清0
```

3）程序计数器

程序计数器（Program Counter，PC）是一个 16 位的寄存器，其内容为下一条将要

执行指令的地址，寻址范围为 64KB。PC 有自动加 1 功能，从而控制程序的执行顺序。PC 不占据 RAM 单元，在物理上是独立的。它没有地址，所以不可寻址，即用户无法对它进行读写，但可以通过转移、调用、返回等指令改变其内容，以实现程序的转移。

4）几个特殊功能寄存器

（1）累加器。

累加器（Accumulator，ACC）为 8 位寄存器，是常用的专用寄存器。它既可用于存放操作数，也可用来存放运算的中间结果。

（2）程序状态字。

程序状态字（Program Status Word，PSW）是一个 8 位寄存器，用于存放程序运行过程中的各种状态信息。其中，有些位的状态是根据程序执行结果，由硬件自动设置的；有些位的状态则由软件方法设定。PSW 位定义见表 1-5。

表 1-5　PSW 位定义

位 地 址	D7H	D6H	D5H	D4H	D3H	D2H	D1H	D0H
位 名 称	CY	AC	F0	RS1	RS0	OV	F1	P

① CY（PSW.7）：进位标志位。存放算术运算的进位标志，在进行加或减运算时，如果操作结果最高位有进位或借位，则 CY 由硬件置 1，否则被清 0。

② AC（PSW.6）：辅助进位标志位。在进行加或减运算时，如果低 4 位向高 4 位进位或借位，则 AC 由硬件置 1，否则被清 0。

③ F0（PSW.5）：用户标志位。即供用户定义的标志位，需要利用软件方法置 1 或清 0。

④ RS1 和 RS0（PSW.4, PSW.3）：工作寄存器组选择位，其对应关系：RS1RS0=00，选择第 0 组工作寄存器；RS1RS0=01，选择第 1 组工作寄存器；RS1RS0=10，选择第 2 组工作寄存器；RS1RS0=11，选择第 3 组工作寄存器。单片机上电或复位后 RS1RS0=00。

⑤ OV（PSW.2）：溢出标志位。在带符号数加减运算中，OV=1 表示加减运算超出了累加器 A 所能表示的带符号数有效范围（−128～+127），即产生了溢出，所以运算结果是错误的；OV=0 表示运算正确，即无溢出产生。

⑥ F1（PSW.1）：保留未使用。

⑦ P（PSW.0）：奇偶标志位。P 标志位表明 ACC 中内容的奇偶性，如果 ACC 中有奇数个“1”，则 P 置 1，否则清 0。

（3）寄存器。

专门用于乘法、除法运算的寄存器（B），当不执行乘除法时，也可作为普通寄存器使用。

（4）堆栈指针。

堆栈指针（SP）的内容只是堆栈顶部在内部 RAM 中的位置。堆栈是为子程序调用和中断操作而设置的。

（5）数据指针。

数据指针 DPH 和 DPL 可以组成一个 16 位数据指针 DPTR，用于间接寻址外部数据存储器和程序存储器。

除以上几个特殊功能寄存器之外，其余的寄存器大都用于控制单片机内各功能部件，它们将在后续章节中介绍。

3. 程序存储器

51 系列单片机的程序存储器用来存放编好的程序，以及程序执行过程中不会改变的原始数据。程序存储器的结构如图 1-26 所示。

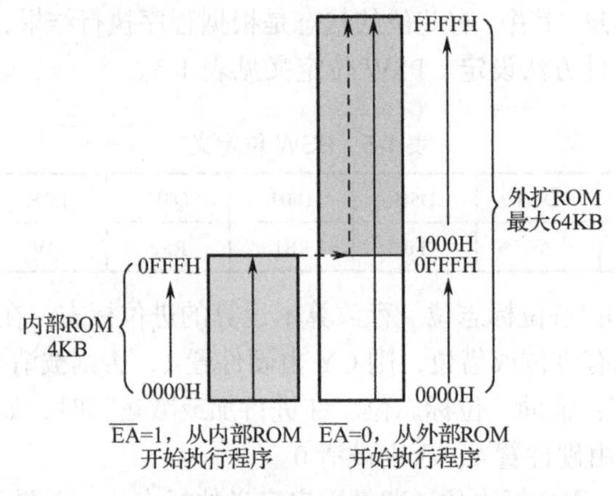

图 1-26　程序存储器的结构

EA 引脚的作用是选择寻址内部或外部程序存储器。随着技术的发展，单片机片内程序存储器的容量越来越大，很少需要外扩程序存储器，所以这个引脚一般接高电平。

8031 片内无程序存储器，8051 片内有 4KB 的 ROM，8751 片内有 4KB 的 EPROM，89C51 片内有 4KB 的 EEPROM。51 系列单片机片外能扩展最大 6KB 的程序存储器，片内和片外的 ROM 是统一编址的。

当 EA=1 时，CPU 从片内的 0000H 开始执行程序。如果程序代码超过片内的 4KB 范围，则自动执行片外程序存储器中的程序。

当 EA=0 时，只能寻址外部程序存储器 0000H ~ FFFFH 的程序代码，不理会片内的 ROM。

程序存储器中有 1 组特殊单元是 0000H ~ 0002H。系统复位后，PC = 0000H，表示单片机从 0000H 单元开始执行程序，这 3 个单元一般存放 1 条跳转指令，跳转到程序存放处。

还有 1 组特殊单元是 0003H ~ 002AH，共 40 个单元。这 40 个单元被均匀地分为 5 段，作为 5 个中断源的中断程序入口地址区，见表 1-6。

表 1-6　5 个中断源的中断程序入口地址

中　断　源	入 口 地 址
外部中断 0	0003H
定时器/计算器 0	000BH
外部中断 1	0013H
定时器/计算器 1	001BH
串行口中断	0023H

在单片机 C 语言程序设计中，用户无须考虑程序的存放地址。编译程序会在编译过程中按照上述规定，自动安排程序的存放地址。例如，C 语言是从 main()函数开始执行的，编译程序会在程序存储器的 0000H 处自动存放转移指令，跳转到 main()函数存放的地址；中断函数也会按照中断类型号，自动由编译程序安排存放在程序存储器中相应的地址。所以，读者了解程序存储器的结构即可。

知识点四　单片机最小应用系统

单片机最小应用系统是指单片机能够正常工作所需要的基本条件，主要包括三部分：电源电路、时钟电路和复位电路。由于不需要扩展程序存储器，EA 须接高电平，满足上述条件，单片机就可以正常工作了。

1. 电源电路

单片机工作所需电源非常重要，不能因为电源比较简单而有所忽视，近一半的故障都与电源有关，单片机正常工作所需电源条件如下。

V_{CC}（第 40 引脚）：电源端，接 DC+5V。

V_{SS}（第 20 引脚）：接地端。

2. 时钟电路

单片机时钟电路用于产生单片机工作所需要的时钟脉冲信号，保证各部件协调一致进行工作，单片机少了时钟信号就无法有序地展开工作。

单片机时钟电路如图 1-27 所示，单片机内部有一个高增益放大电路。$XTAL_1$ 是输入端，$XTAL_2$ 是输出端，$XTAL_2$ 和 $XTAL_1$ 间接一个晶体振荡器及两个电容，便可构成一个稳定的自激振荡电路，产生单片机工作所需要的脉冲信号。

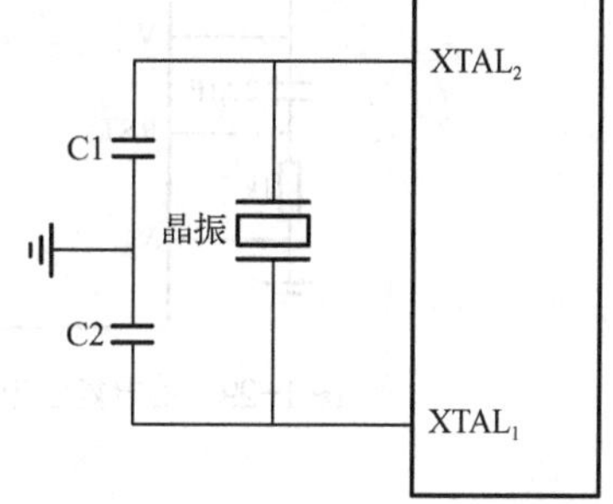

图 1-27　单片机时钟电路

电容 C1、C2 为振荡微调电容，在实际的应用电路中，两个电容容量应相等，一般选择 5～30pF，典型值为 30pF。

晶体振荡器的频率决定了单片机工作速度的快慢，MCS-51 系列单片机通常选择

6MHz 或 12MHz 的晶振，如果系统使用了串行通信，则选择 11.0592MHz 的晶振。

设计执行时间及定时器时，有几个比较重要的概念：振荡周期、状态周期、机器周期、指令周期，四者之间的关系如图 1-28 所示。

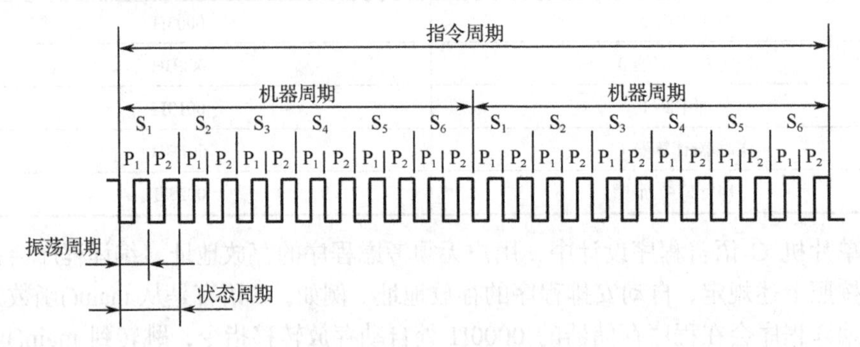

图 1-28　各周期的相互关系

（1）振荡周期：也称时钟周期，为单片机提供时钟信号的振荡源的周期，用 P 表示，时间为 1/fosc，其中 fosc 代表晶振频率。它是单片机中最小、最基本的时间单位。

（2）状态周期：振荡源信号经二分频后形成的时钟脉冲信号，为振荡周期的 2 倍，用 S 表示，即 2/fosc。

（3）机器周期：完成一个基本操作所需的时间，通常为 12 个振荡周期，时间为 12/fosc。

（4）指令周期：CPU 执行一条指令所需要的时间，一个指令周期通常含有 1～4 个机器周期。

3．复位电路

使单片机内部各寄存器的值变为确定的初始状态的操作称为复位，单片机复位后从程序的第一条指令开始执行。

当系统处于正常工作状态，且振荡器稳定后，如果 RST 引脚上有一个高电平并维持两个机器周期以上，则 CPU 就可以响应并将系统复位。单片机的复位方式可分为上电复位和手动复位，电路分别如图 1-29 和图 1-30 所示。

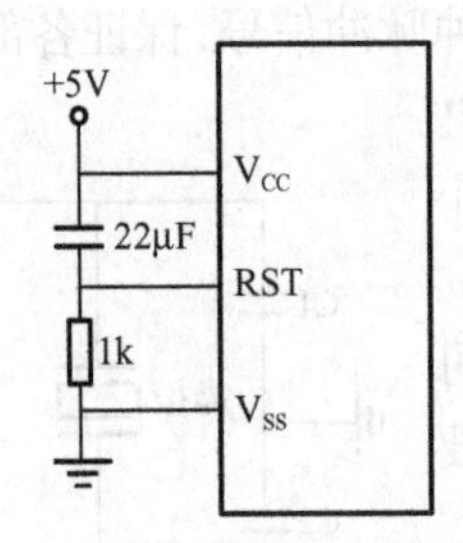

图 1-29　上电复位电路

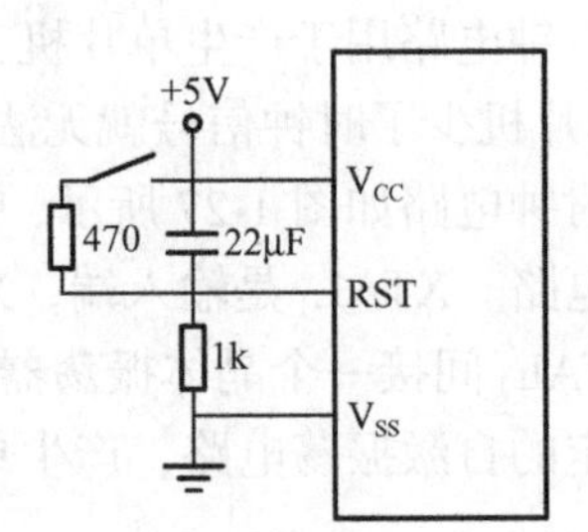

图 1-30　手动复位电路

知识点五　C 语言的特点及程序结构

在单片机开发过程中，常用开发语言有汇编语言和 C 语言，C 语言和汇编语言在开发单片机时各有优缺点。

1. 汇编语言的优缺点

汇编语言是一种用文字助记符来表示机器指令的符号语言，是最接近机器码的一种语言。其主要优点是占用资源少、程序执行效率高。对于不同的 CPU，其汇编语言可能有所差异，不易移植。

2. C 语言的优缺点

（1）可移植性好。不同系列的单片机 C 语言都是以 ANSI C 为基础进行开发的，一种 C 语言环境下所编写的 C 语言程序，只需要将与硬件相关的部分和编译连接的参数进行适当修改，就可以方便地移植到其他系列的单片机上。

（2）模块化开发。C 语言是一种结构化程序设计语言，C 语言程序具有完善的模块程序结构，在软件开发中方便进行多人联合开发。因此，用 C 语言来编写目标系统软件，会大大缩短开发周期，并且明显地增强程序的可读性，便于改进和扩充，进而编写出规模更大、性能更完备的系统。

（3）C 语言占用资源较多，执行效率没有汇编语言高。

3. C 语言与汇编语言程序编写的不同之处

（1）C 语言严格区分大小写字母，一般使用小写字母，C 语言的关键字均为小写字母，而汇编语言不区分大小写字母，大小写字母可以混用。

（2）C 语言不使用行号，一行可以书写多条语句，每条语句后面必须以“;”作为结束。

（3）C 语言一个完整的程序模块需要用花括号“{}”括起来，且花括号必须成对出现。

（4）C 语言注释需要使用“/*　　*/”或“//”，而汇编语言则使用“;”。

4. C 语言程序结构

单片机 C 语言程序通常由头文件、函数、主函数 3 部分组成，例如：

```
#include <reg51. h>                    //调用C语言头文件
# include<intrins. h>                  //将内部函数包含到程序中
sbit P16= P1^6;                        //定义变量
void delay()                           //定义完成某个功能的函数
{
}
main()                                 //主函数，程序从主函数开始执行
{
void delay(1000);                      //函数体，调用延时函数
```

```
}
```

1）头文件

头文件定义了 I/O 的地址、参数、符号等。例如，在编写程序时，经常用到 P1，它就是在头文件中预先定义的：sfr Pl=0x90。

include <reg51.h>，头文件 reg51.h 为 51 单片机的头文件，一般在 C:\KEIL\C51\INC 目录下。

2）主函教

从 C 语言的结构上划分，C 语言函数可分为主函数和普通函数两类。一个 C 语言程序必须包含一个主函数（有且只有一个主函数），也可以由一个主函数和若干其他函数组成，主函数可以放在程序的任何位置，但程序从主函数的第一条语句 main()处开始执行。

3）函数

C 语言函数从用户使用的角度可分为两种——库函数和用户自定义函数。

C 语言的库函数是由 Keil Cx51 编译器提供的，它是由系统的设计者根据一般用户的需要编制并提供用户使用的一组程序，集中放在系统的函数库中，所以又称库函数，库函数可以完成某些特定功能，减少了程序开发人员的工作量。在程序的编写过程中，应当尽可能多地使用库函数，这样既可以提高程序的运行效率，又可以提高编程的质量。

用户根据自身需要而编写的函数称为用户自定义函数（也称自定义函数），对用户自定义函数，需要在程序中定义函数本身，而且在函数调用模块中，需要对被调用函数进行类型说明才能调用它。

知识点六　认识 LED

1. LED

LED（Light Emitting Diode），即发光二极管，是一种把电能转化为光能的固态半导体器件，常见的发光二极管有红色、绿色、蓝色等，其实物如图 1-31 所示。

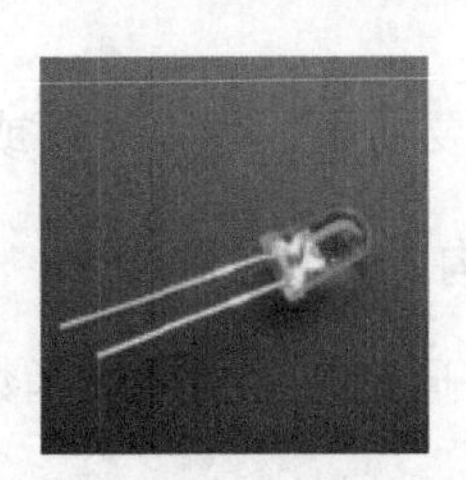

图 1-31　发光二极管实物

2. LED 工作条件

小功率的发光二极管工作电流为 10～30mA，工作电压为 1.5～3V，高亮发光二极管工作电流稍大。由于 LED 具有单向导电特性，要使其正常工作须加正向电压。

单片机点亮发光二极管有输出低电平点亮和输出高电平点亮两种方式，由于 P1～

P3 口内部上拉电阻阻值较大，当 P1～P3 口引脚输出高电平时，输出电流为 30～65μA，电流较小，不能满足发光二极管的工作电流，如图 1-32 所示。当输出低电平时，下拉 MOS 管导通，倒灌电流为 1.6～15mA，带负载能力较强，如图 1-33 所示，因而在 MCS-51 系列单片机点亮 LED 时常采用低电平点亮方式。

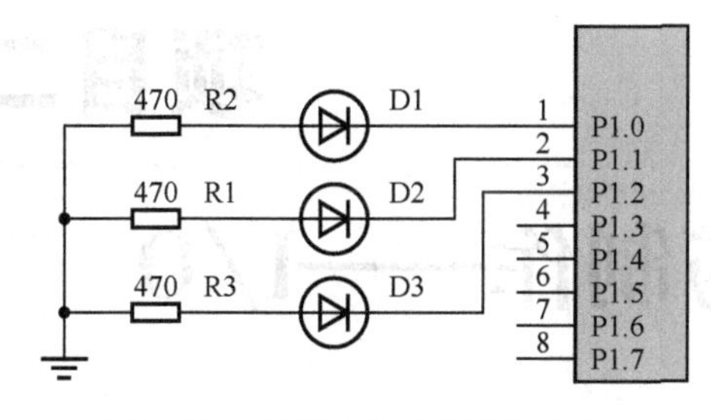

图 1-32　LED 高电平点亮错误方式

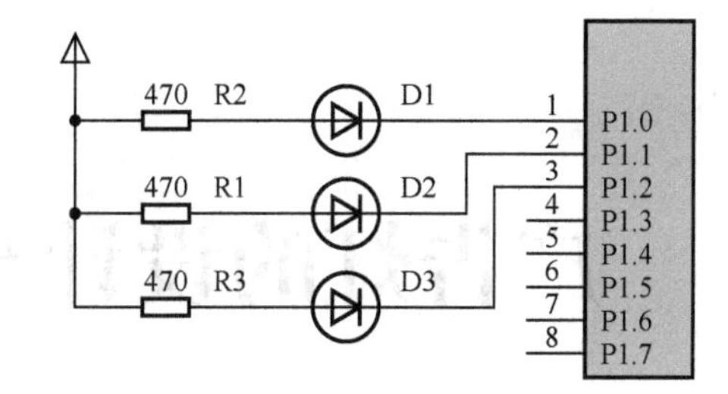

图 1-33　LED 低电平点亮方式

课后练习：将 P0.0 引脚的状态分别送给 P1.0、P2.0 和 P3.0 口。

项目二

广告灯的设计与制作——I/O

项目情境

在夜幕降临之际，酒店、餐厅、广场等地方到处都是多姿多彩、变幻万千的彩灯，为城市的夜景增添了一道不可缺少的风景线，这些彩灯大部分采用 LED，由单片机作为控制核心实现彩灯闪烁变幻的效果。在外部硬件电路不变的情况下，可以通过改变单片机的程序，使彩灯有不同的闪烁效果。本项目将通过完成“广告灯的设计与制作”任务来介绍广告灯花样控制的相关知识。广告灯效果如图 2-1 所示。

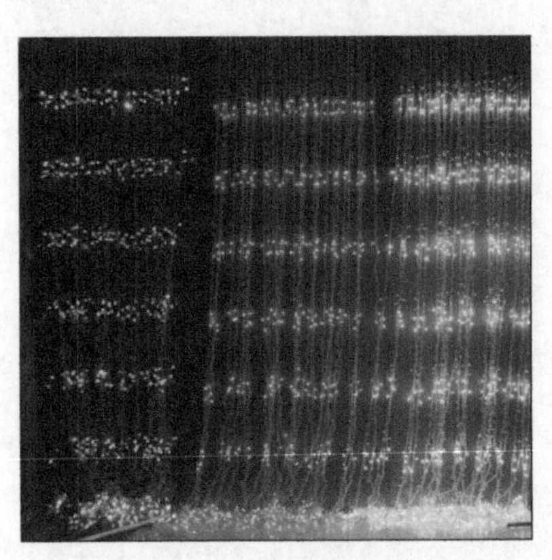

图 2-1　广告灯效果

项目分析

在单片机的 P1 端口接 8 个 LED，由单片机输出指令控制 8 个 LED 亮灭，实现不同花样的闪烁效果。

为完成此项目，实现广告灯不同显示效果，须熟悉单片机的 I/O 端口、存储器及常用指令，为此把本项目分解成以下 3 个任务。

任务一 用顺序语句实现广告流水灯的花样显示

任务描述

（1）8 个 LED 相隔 1s 全亮全灭两次。

（2）完成全亮全灭两次后，变为从上到下依次点亮两次并循环。

学习目标

技能目标	1．能够根据要求设计与制作广告灯硬件电路。 2．能够根据硬件电路在仿真软件中画出仿真图。 3．能够根据硬件电路用排序法编写流水灯程序。 4．能够结合仿真软件、编程软件和硬件电路进行流水灯系统的仿真调试。 5．能够按照作业标准和规范安全文明施工。
知识目标	1．掌握单片机 I/O 端口的结构及应用。 2．熟悉单片机存储器的结构及作用。 3．能够熟练运用 C 语言的排序法。

一、仿真电路设计

打开 Proteus 软件的编辑环境，按表 2-1 所列仿真元件清单添加元件。

表 2-1 仿真元件清单

元件名称	所属类	所属子类
AT89C51	Microprocessor ICs	8051 Family
CAP-ELEC	Capacitors	Generic
CAP	Capacitors	Generic
LED-RED	Optoelectronics	Leds
RES	Resistors	Generic

元件全部添加后，在 Proteus 软件编辑区域中按图 2-2 连接硬件电路，并修改相应的元件参数。

二、程序设计

全亮全灭较容易实现，只要使 P1 端口输出全为低电平（0x00）和全为高电平（0xff）就可以实现，依次点亮通过顺序语句来实现。

```
#include<reg51.h>                                     //头文件
/*********************************************************************/
/*                                                                   */
/* 延时函数                                                          */
/*                                                                   */
/*********************************************************************/
void delay(unsigned char i)
{
   unsigned char m,n;
   for(m=i;m>0;m--)
   for(n=125;n>0;n--);
}
/*********************************************************************/
/*                                                                   */
/* 主函数                                                            */
/*                                                                   */
/*********************************************************************/
void main()
{
   while(1)                                           //死循环
   {
       P1=0x00;delay(1000);                           //亮1s
       P1=0xff;delay(1000);                           //灭1s
           P1=0x00;delay(1000);                       //亮1s
       P1=0xff;delay(1000);                           //灭1s
           //从上往下依次点亮两次
       P1=0xfe;delay(1000);
       P1=0xfd;delay(1000);
       P1=0xfb;delay(1000);
       P1=0xf7;delay(1000);
       P1=0xef;delay(1000);
       P1=0xdf;delay(1000);
       P1=0xbf;delay(1000);
       P1=0x7f;delay(1000);
       P1=0xfe;delay(1000);
       P1=0xfd;delay(1000);
       P1=0xfb;delay(1000);
       P1=0xf7;delay(1000);
       P1=0xef;delay(1000);
       P1=0xdf;delay(1000);
       P1=0xbf;delay(1000);
       P1=0x7f;delay(1000);
   }
}
```

三、仿真与调试运行

（1）打开 Keil 软件，新建项目，选择 AT89C51 单片机作为 CPU，新建 C 程序源文件，编写程序（任务一的程序），并将其添加到“Source Group 1”中。在“Options for Target”对话框中，选中“Output”选项卡中的“Create HEX File”选项和“Debug”选项卡中的“Use: Proteus VSM Simulator”选项。编译C源程序，改正程序中出现的错误。

（2）在Keil的菜单中选择“Debug”→“Debug/Stop Debug Session”命令，或者直接单击工具栏中的“Debug/Stop Debug Session”图标，进入程序仿真环境。按F5键，顺序运行程序，调出“Proteus ISIS”界面，观察程序运行结果。广告灯仿真效果如图2-2所示，如有问题，应反复调试，直到仿真成功。

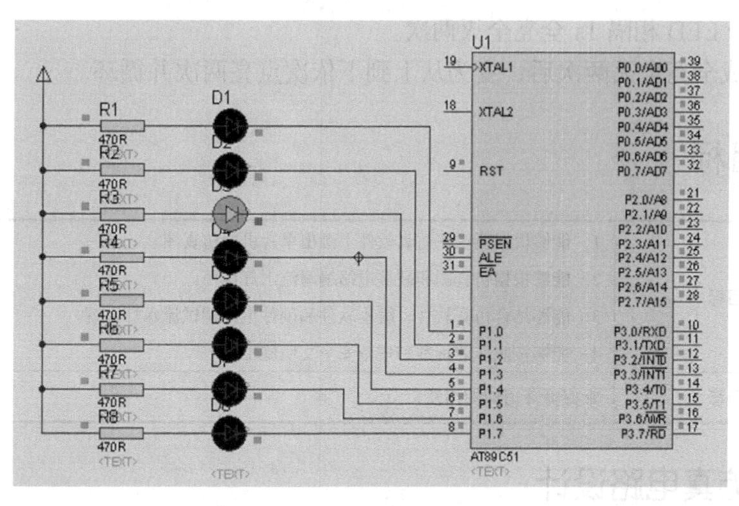

图2-2　广告灯仿真效果

（3）将单片机芯片插入芯片座，连接好计算机和电路板，打开程序烧录软件，将由Keil软件生成的HEX文件写入单片机。

（4）单片机写入程序后，接通电源，观察系统运行状态是否符合要求。如有问题，应对硬件和软件进行调试。广告灯全亮显示效果如图2-3所示。

图2-3　广告灯全亮显示效果

任务二 用循环语句实现广告流水灯的花样显示

任务描述

（1）8 个 LED 相隔 1s 全亮全灭两次。

（2）完成全亮全灭两次后，变为从上到下依次点亮两次并循环。

学习目标

技能目标	1. 能够根据要求在仿真软件上画出单片机的仿真图。 2. 能够根据仿真图和硬件电路编写流水灯程序。 3. 能够结合仿真软件、编程软件和硬件电路调试流水灯系统。 4. 能够按照作业标准和规范安全文明施工。
知识目标	掌握循环语句的用法。

一、仿真电路设计

打开 Proteus 软件编辑环境，按表 2-2 所列仿真元件清单添加元件。

表 2-2 仿真元件清单

元件名称	所属类	所属子类
AT89C51	Microprocessor ICs	8051 Family
CAP-ELEC	Capacitors	Generic
CAP	Capacitors	Generic
LED-RED	Optoelectronics	Leds
RES	Resistors	Generic

元件全部添加后，在 Proteus 软件编辑区域中按图 2-4 连接硬件电路，并修改相应的元件参数。

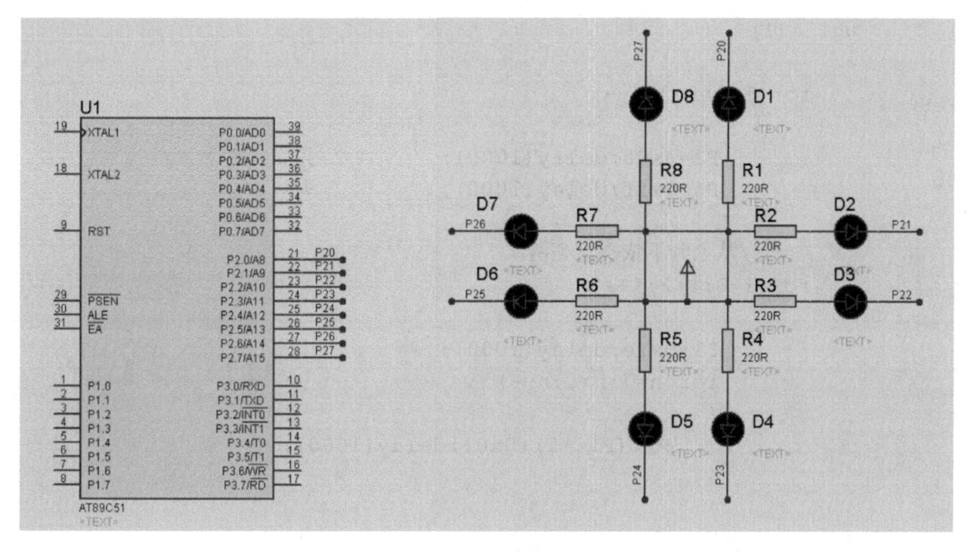

图 2-4　8 只 LED 循环显示电路仿真图

二、程序设计

LED 的全亮全灭、依次点亮在任务一中是通过排序语句实现的，比较复杂，有没有更简单的方法呢？点亮次数可以通过循环语句 for(k=0;k<2, k+ +)来实现。

LED 的依次点亮有多种方法可实现，在这里可以通过 P1<<1 指令左移 11111110 来实现，<<1 指令可以使数据左移一位，每次左移后右边补 0，为此需要在每次左移后将最右边的一位改为 1，左移后通过或运算，即 P1=(P1<<1)|0x01，就可以将 11111100 改为 11111101，这样就实现了每次移动点亮一个 LED。

```
#include <REGX51.H>
/*****************************************************************/
/*                                                               */
/* 延时函数                                                       */
/*                                                               */
/*****************************************************************/
void delay(unsigned char i)
{
    unsigned char m,n;
    for(m=i;m>0;m--)
    for(n=125;n>0;n--);
}
/*****************************************************************/
/*                                                               */
/* 主函数                                                         */
/*                                                               */
/*****************************************************************/
void main()
{
  int i,n;
```

```
        while(1)
        {
            for(i=2;i>0;i--)
                {
                    P1=0x00;delay(1000);          //亮
                    P1=0xff;delay(1000);          //灭
                }
                //从上到下依次点亮两次
            for(i=0;i<2;i++)
                {
                    P1=0xfe;delay(1000);
                    for(n=7;n>0;n--)
                    {
                        P1=(P1<<1)|0x01;delay(1000);
                    }
                }
        }
    }
```

三、仿真与调试运行

（1）打开 Keil 软件，新建项目，选择 AT89C51 单片机作为 CPU，新建 C 程序源文件，编写程序（任务二的程序），并将其添加到“Source Group 1”中。在“Options for Target”对话框中，选中“Output”选项卡中的“Create HEX File”选项和“Debug”选项卡中的“Use: Proteus VSM Simulator”选项。编译 C 源程序，改正程序中出现的错误。

（2）在 Keil 的菜单中选择“Debug”→“Debug/Stop Debug Session”命令，或者直接单击工具栏中的“Debug/Stop Debug Session”图标，进入程序仿真环境。按 F5 键，顺序运行程序，调出“Proteus ISIS”界面，观察程序运行结果。8 只 LED 循环点亮电路仿真效果如图 2-5 所示。如有问题，应反复调试，直到仿真成功。

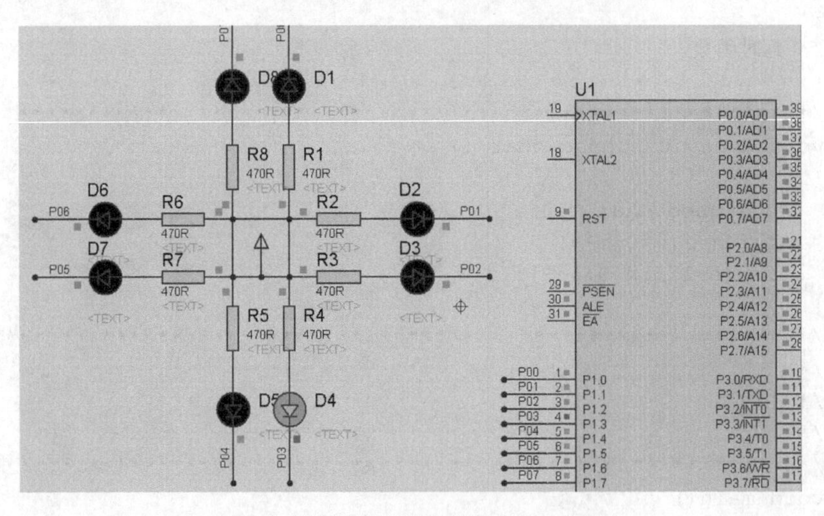

图 2-5　8 只 LED 循环点亮电路仿真效果

（3）将单片机芯片插入芯片座，连接好计算机和电路板，打开程序烧录软件，将由Keil软件生成的HEX文件写入单片机。

（4）单片机写入程序后，接通电源，观察系统运行状态是否符合要求。如有问题，应对硬件和软件进行调试。

任务三 两个开关控制两个LED

任务描述

用两个开关分别控制两个LED的亮灭。

学习目标

技能目标	1. 能够根据要求在仿真软件上画出仿真图。 2. 能够根据控制要求编写程序。 3. 能够结合仿真软件、编程软件和硬件电路调试系统。 4. 能够按照作业标准和规范安全文明施工。
知识目标	能够掌握开关按键控制电路原理。

前面的例子中，采用单片机并行I/O端口控制LED和蜂鸣器，都是使用输出功能。本任务采用单片机并行I/O端口来连接开关等输入器件，这时单片机I/O端口用于输入。

一、仿真电路设计

单片机控制LED和开关电路仿真图如图2-6所示。

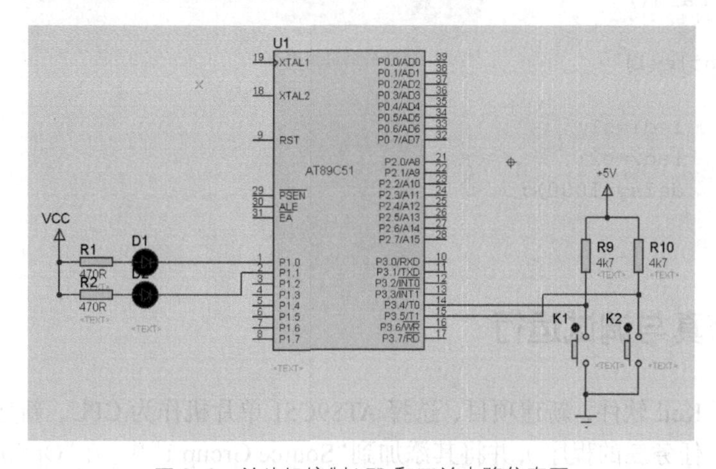

图2-6 单片机控制LED和开关电路仿真图

开关是指可以使电路开路、使电流中断或使其流到其他电路的电子元件，具有断开和闭合两种状态。当 K1 闭合时，P3.4 引脚与地短路，此时这个引脚为低电平；当 K1 断开时，P3.4 引脚通过上拉电阻 R9 连接到+5V 电源，这个引脚为高电平。与 P3.5 引脚连接的 K2 也是如此。

二、程序设计

利用 P3.4 和 P3.5 引脚上的高低电平来分别控制 LED 的亮灭。控制程序如下。

```
#include <REGX51.H>
sbit led1=P1^0;            //定义led1端口
sbit led2=P1^1;            //定义led2端口
sbit s1=P3^4;              //定义按键1端口
sbit s2=P3^5;              //定义按键2端口
/*****************************************************************/
/*                                                               */
/* 延时函数                                                      */
/*                                                               */
/*****************************************************************/
void delay(unsigned int i)
{
    unsigned int j;
    unsigned char k;
    for(j=i;j>0;j--)
        for(k=125;k>0;k--);
}
/*****************************************************************/
/*                                                               */
/* 主函数                                                        */
/*                                                               */
/*****************************************************************/

void main()
{
    while(1)
    {
        led1=s1;
        led2=s2;
        delay(1000);
    }
}
```

三、仿真与调试运行

（1）打开 Keil 软件，新建项目，选择 AT89C51 单片机作为 CPU，新建 C 程序源文件，编写程序（任务三的程序），并将其添加到“Source Group 1”中。在“Options for Target”

对话框中，选中“Output”选项卡中的“Create HEX File”选项和“Debug”选项卡中的“Use: Proteus VSM Simulator”选项。编译C源程序，改正程序中出现的错误。

（2）在Keil的菜单中选择“Debug”→“Debug/Stop Debug Session”命令，或者直接单击工具栏中的“Debug/Stop Debug Session”图标，进入程序仿真环境。按F5键，顺序运行程序，调出“Proteus ISIS”界面，观察程序运行结果。单片机控制LED和开关电路仿真效果如图2-7所示。如有问题，应反复调试，直到仿真成功。

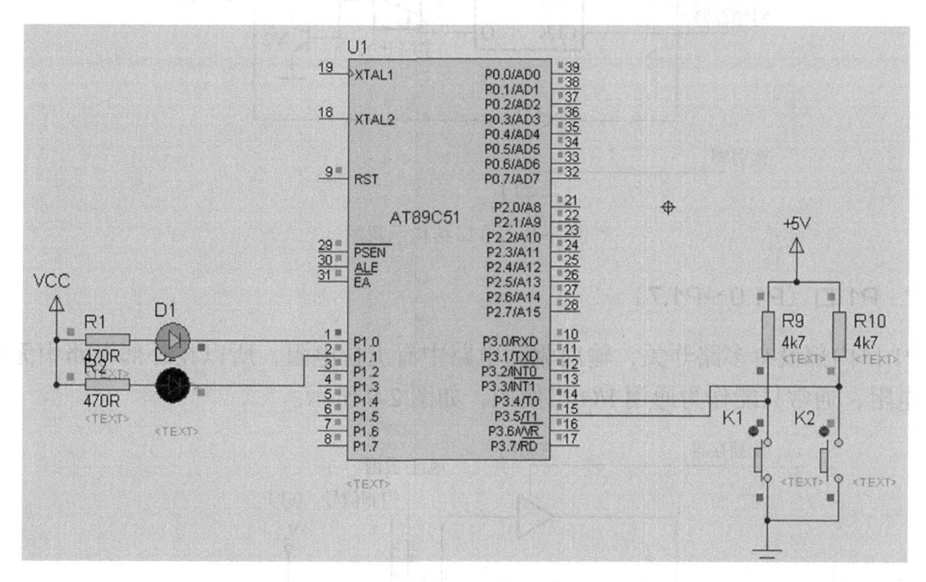

图2-7　单片机控制LED和开关电路仿真效果

（3）将单片机芯片插入芯片座，连接好计算机和电路板，打开程序烧录软件，将由Keil软件生成的HEX文件写入单片机。

（4）单片机写入程序后，接通电源，观察系统运行状态是否符合要求。如有问题，应对硬件和软件进行调试。

知识准备

知识点一　单片机的I/O端口

对单片机的控制实际上就是对I/O端口的控制。无论单片机对外部进行何种控制，或接收外部的控制指令，都是通过I/O端口进行的。MCS-51系列单片机共有P0、P1、P2、P3四个8位双向输入/输出端口，每个端口都由锁存器、输出驱动器和输入缓冲器组成。4个I/O端口都能输入或输出，其中P0和P2口常用于对外部存储器的访问。

1. P0口（P0.0～P0.7）

从图2-8中可以看出P0口既可以作为I/O口使用，也可以作为地址/数据线使用。在P0口作为通用I/O口使用时，外部须接上拉电阻才能有高电平输出。

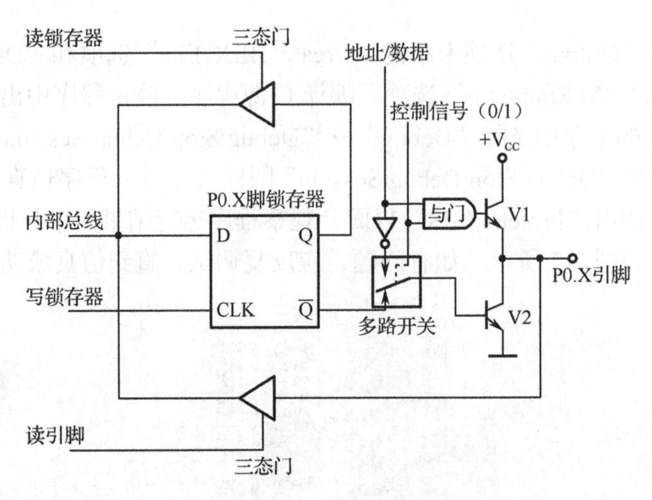

图 2-8　P0 口结构示意图

2. P1 口（P1.0～P1.7）

P1 口内部设有多路开关，输出驱动电路中有上拉电阻，所以在外部电路中无须接上拉电阻，通常只能作为通用 I/O 口使用，如图 2-9 所示。

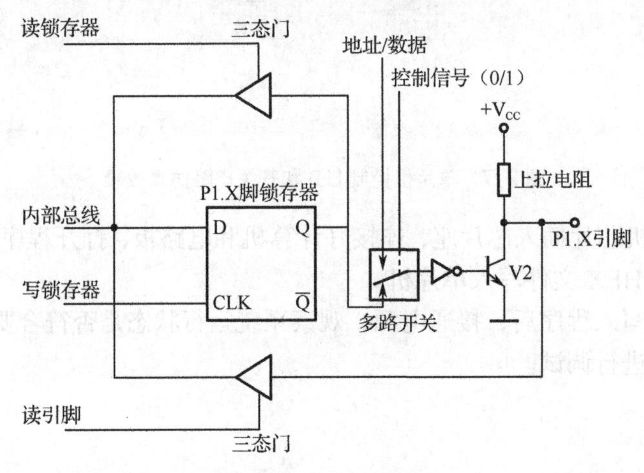

图 2-9　P1 口结构示意图

3. P2 口（P2.0～P2.7）

P2 口为一个内部带上拉电阻的 8 位准双向 I/O 口，如图 2-10 所示，在访问外部程序存储器时，作为高 8 位地址总线，与 P0 口组成 16 位地址总线。

4. P3 口（P3.0～P3.7）

P3 口为内部带上拉电阻的 8 位准双向 I/O 口，如图 2-11 所示。P3 口除作为一般的 I/O 口使用之外，其每个引脚的第二功能更为重要，见表 2-3。

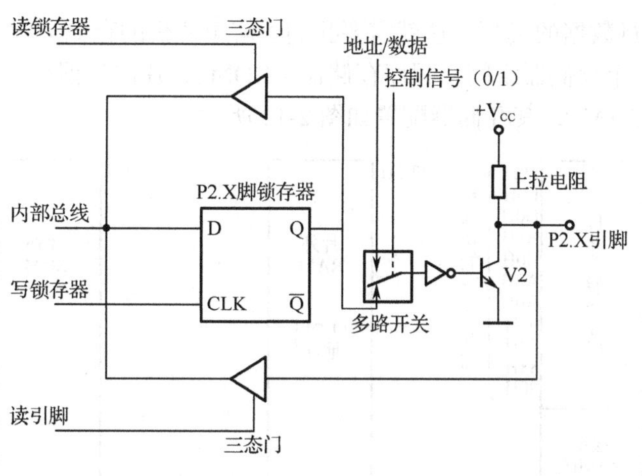

图 2-10　P2 口结构示意图

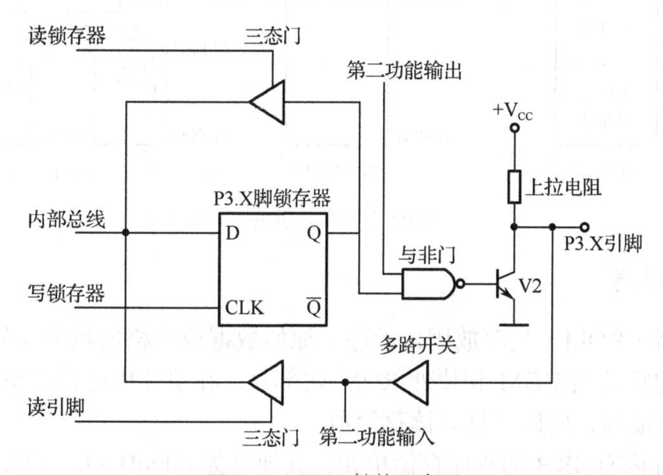

图 2-11　P3 口结构示意图

表 2-3　P3 口第二功能介绍

I/O 口	引 脚 号	第 二 功 能
P3.0	10	RXD 串行输入口
P3.1	11	TXD 串行输出口
P3.2	12	INT0（外部中断 0）
P3.3	13	INT1（外部中断 1）
P3.4	14	T0（定时器 0 的计数输入）
P3.5	15	T0（定时器 1 的计数输入）
P3.6	16	WR（外部数据存储器写选通）
P3.7	17	RD（外部数据存储器读选通）

知识点二　单片机的存储器

单片机设计、使用过程中，需要将用户程序写入单片机存储器中，在单片机运行程序时，也需要进行数据的读写，这就需要我们了解单片机的存储空间。8051 系列单片机在物理上有 3 个存储器空间：程序存储器（ROM）、片内数据存储器（RAM）和片外数据存储器（RAM），其存储器配置如图 2-12 所示。

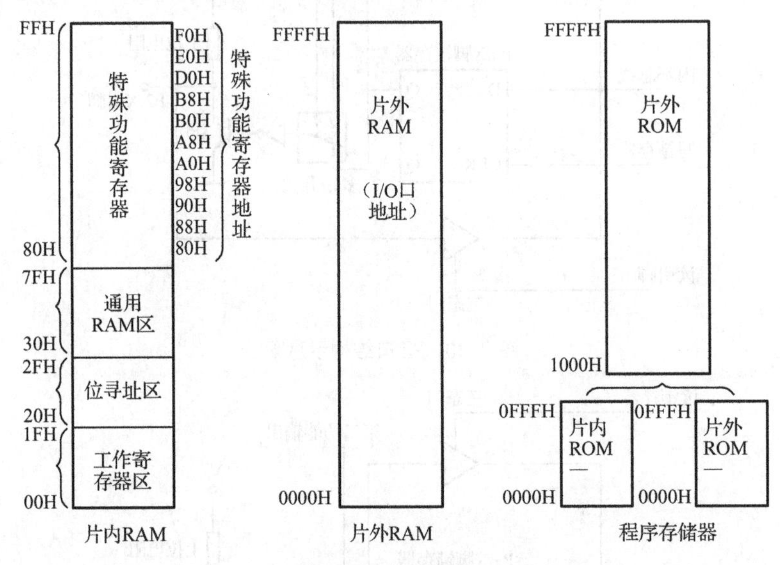

图 2-12　8051 系列单片机的存储器配置

1．程序存储器

程序存储器（ROM）是存放用户程序、原始数据或表格的场所（如数码管的段码表等），ROM 包括片内 ROM 和片外 ROM 两部分，在单片机运行状态下，ROM 中的数据只能读、不能写，所以又称只读存储器。

AT89C51 片内有 4KB 的程序存储单元，其地址为 0000H ~ 0FFFH，有些存储单元具有特殊功能，使用时应特别注意。

地址为 0000H ~ 0002H 的 3 个单元是系统的启动单元。系统复位后从 0000H 单元开始执行指令。但实际上这 3 个单元不能存放任何完整的程序，使用时应当指定程序的起始地址，利用一条无条件转移指令直接转去执行程序。

地址为 0003H ~ 002AH 的 40 个单元被均匀地分为 5 段，分别作为 5 个中断源的中断地址区。其中：

0003H 为外部中断 0 入口地址。

000BH 为定时/计数器 0 入口地址。

0013H 为外部中断 1 入口地址。

001BH 为定时/计数器 1 入口地址。

0023H 为串行中断入口地址。

2．片内数据存储器

片内数据存储器（RAM）有 256 字节，地址范围为 00H ~ FFH，分为两大部分：高 128 字节（80H ~ FFH）为特殊功能寄存器（SFR），低 128 字节（00H ~ 7FH）为工

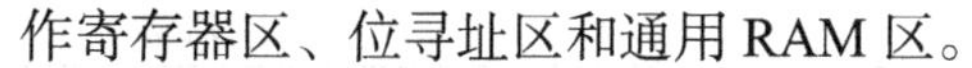

作寄存器区、位寻址区和通用 RAM 区。

1）工作寄存器区

片内 RAM 的 00H～7FH 地址单元是直接寻址区，该区域内 00H～1FH 地址单元为工作寄存器区，安排了 4 组工作寄存器，每组都为 R0～R7。在某一时刻，CPU 只能使用其中任意一组工作寄存器，由程序状态字（PSW）中 RS0 和 RS1 的状态决定。

2）位寻址区

片内 RAM 的 20H～2FH 地址单元是位寻址区，其中每一字节的每一位都规定了位地址。每个地址单元除了可进行字节操作，还可进行位操作。

3）通用 RAM 区

通用 RAM 区是地址为 30H～7FH 的 80 个单元，对于该区只能以单元的形式来使用（即字节操作），通用 RAM 区的使用没有任何规定或限制，一般应用中常把堆栈开辟在此区中。

4）特殊功能寄存器

片内 RAM 的 80H～FFH 地址单元是特殊功能寄存器（SFR），SFR 地址空间见表 2-4。对于 51 系列单片机，在这个区域内安排了 21 个特殊功能寄存器；对于 52 系列单片机，则在该区域内安排了 26 个特殊功能寄存器。

表 2-4　SFR 地址空间

	符号	寄存器名	位地址、位标记及位功能								直接地址	复位状态
			D7	D6	D5	D4	D3	D2	D1	D0		
可位寻址	B	B 寄存器	B.7	B.6	B.5	B.4	B.3	B.2	B.1	B.0	F0H	00H
	ACC	累加器	A.7	A.6	A.5	A.4	A.3	A.2	A.1	A.0	E0H	00H
	PSW	程序状态字	CY	AC	F0	RS1	RS0	OV	—	P	D0H	00H
	IP	中断优先寄存器	—	—	—	PS	PT1	PX1	PT0	PX0	B8H	XXX00000B
	P3	P3 口	P3.7	P3.6	P3.5	P3.4	P3.3	P3.2	P3.1	P3.0	B0H	FFH
	IE	中断允许寄存器	EA	—	—	ES	ET1	EX1	ET0	EX0	A8H	0XX00000B
	P2	P2 口	P2.7	P2.6	P2.5	P2.4	P2.3	P2.2	P2.1	P2.0	A0H	FFH
	SCON	串行口控制寄存器	SM0	SM1	SM2	REN	TB8	RB8	T1	R1	98H	00H
	P1	P1 口	P1.7	P1.6	P1.5	P1.4	P1.3	P1.2	P1.1	P1.0	90H	FFH
	TCON	定时控制寄存器	TF1	TR1	TF0	TR0	IE1	IT1	IE0	IT0	88H	00H
	PO	P0 口	P0.7	P0.6	P0.5	P0.4	P0.3	P0.2	P0.1	P0.0	80H	FFH

续表

	符号	寄存器名	位地址、位标记及位功能								直接地址	复位状态
			D7	D6	D5	D4	D3	D2	D1	D0		
不可位寻址	SP	堆栈指针									81H	07H
	DPL	数据指针低8位									82H	00H
	DPH	数据指针高8位									83H	00H
	PCON	电源控制寄存器	SMOD	—	—	—	GF1	GF0	PD	IDL	87H	0XXX0000B
	TMOD	定时方式寄存器	GATE	C/T	M1	M0	GATE	C/T	M1	M0	89H	00H
	TL0	T0寄存器低8位									8AH	00H
	TL1	T1寄存器低8位									8BH	00H
	TH0	T0寄存器高8位									8CH	00H
	TH1	T1寄存器高8位									8DH	00H
	SBUF	串行口数据缓冲器									99H	XXXXXXXXB

下面对常见的特殊功能寄存器进行简要介绍。

（1）累加器。累加器是最常用的8位专用寄存器，常用于存放操作数，也可用来存放运算的中间结果。

（2）B寄存器。B寄存器是一个8位寄存器，主要用于乘除运算。乘法运算中，B存乘数。乘法操作后，积的高8位存于B中。除法运算中，B存除数。除法操作后，余数存于B中。此外，B寄存器也可作为一般数据寄存器使用。

（3）程序状态字。程序状态字是一个8位寄存器，用于存放程序运行中的各种状态信息。PSW的各位定义如下。

CY（PSW.7）：进位标志位。在进行加减运算时，如果操作结果的最高位有进位或借位，CY置1，反之清0。

AC（PSW.6）：辅助进位标志位。在进行加法运算且第3位有进位，或进行减法运算且第3位有借位时，AC置1，反之AC清0。在BCD码调整中也要用到AC的状态。

F0（PSW.5）：用户标志位。用户可通过位操作指令定义该标志位，以控制程序的转向。

RS1和RS0（PSW.4和PSW.3）：寄存器组选择位。用于选择CPU当前使用的寄存器组。

OV（PSW.2）：溢出标志位。在带符号数加减运算中，OV=1表示加减运算超出了

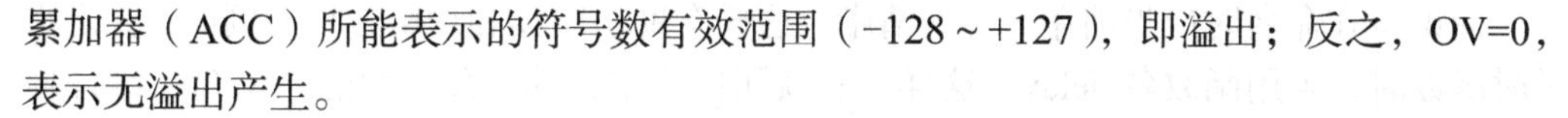

累加器（ACC）所能表示的符号数有效范围（-128～+127），即溢出；反之，OV=0，表示无溢出产生。

P（PSW.0）：奇偶标志位，体现累加器（ACC）中“1”的个数的奇偶性。如果ACC中有奇数个“1”，则P置1，否则清0。此标志位对串行通信中的数据传输有重要意义，在串行通信中常采用奇偶校验的方法来校验数据传输的可靠性。

（4）数据指针（DPTR）。DPTR是唯一一个用户可操作的16位寄存器，由DPH和DPL组成，既可以按一个16位寄存器DPTR来处理，也可作为两个独立的8位寄存器DPH和DPL来处理。在访同外部数据存储器时，常把DPTR作为地址指针使用。

（5）堆栈指针（Suck Pinter，SP）。SP用来指示堆栈所处的位置，在进行操作之前，先用指令给SP赋值，以规定栈区在RAM中的起始地址（栈底层）。当数据推入栈区后，SP的值也自动变化。MCS-51单片机系统复位后，SP初始化为07H，这在完成子程序嵌套和多重中断处理中是必不可少的。

温馨提示：

（1）特殊功能寄存器不连续地分散在片内RAM高128单元中，尽管还有许多空闲地址，但用户并不能使用。

（2）程序计数器不占据RAM单元，它在物理上是独立的，因此是不可寻址的寄存器。

（3）对专用寄存器只能使用直接寻址方式，书写时既可使用寄存器符号，也可使用寄存器。

3. 片外数据存储器

当片内RAM不能满足数量上的要求时，可通过总线端口和其他I/O口扩展片外RAM，其最大容量可达64KB。

CPU通过MOVX指令访问外部数据存储器，用间接寻址方式，R0、R1和DPTR都可作为间接寄存器。在片内RAM中，片外RAM和扩展的I/O口是统一编址的，所有的扩展I/O口都要占用64KB中的地址单元。

知识点三　C51的标识符和关键字

C语言基本的语法单位分为六类：标识符、关键字、常量、字符串、运算符及分隔符。这里介绍标识符和关键字的使用方法。

1. 标识符

C语言的标识符是用来标识源程序中某个对象的名字的。例如，程序中的变量a、主函数名main、数据类型int、函数delay、数组等是标识符。

标识符由字符（a～z，A～Z）、数字（0～9）和下画线等组成，须重点强调的是标识符的第一个字符必须是字母或下画线。例如，“1function”是错误的，编译时会有错误提示。有些编译系统专用的标识符以下画线开头，所以一般不要以下画线开头来命名标识符。

标识符在命名时应当简单、含义清晰，这样有助于阅读和理解程序。例如，在定义延时函数时，采用函数名 delay，这样一看就明白所定义的函数的功能。在 C51 编译器中，只支持标识符的前 32 位为有效标识，一般情况下也足够用了。

2. 关键字

关键字是 C 语言预先定义的具有特定含义的标识符，由固定的小写字母组成，用于表示 C 语言的数据类型、存储类型和运算符。在程序编写中，不允许用户定义与关键字相同的标识符。关键字又称保留字，如 for、if、while、sbit、code 等。在 Keil 的文本编辑器中编写 C 程序，系统可以把保留字以不同颜色显示，默认颜色为天蓝色。

知识点四 C51 的数据类型

学习某一种语言，首先遇到的是数据类型，标准 C 语言中基本数据类型为 char、int、short、long、float 和 double，而在 C51 编译器中 int 和 short 相同，float 和 double 相同，同时 C51 编译器又增加了专门针对 MCS-51 单片机的特殊功能寄存器型和位类型（bit、sbit、sfr 和 sfr16），下面介绍它们的具体定义。

1. char（字符类型）

char 类型的长度是 1 字节，通常用于定义处理字符数据的变量或常量，分为无符号字符类型（unsigned char）和有符号字符类型（signed char），默认值为 signed char。unsigned char 用字节中所有的位来表示数值，所能表达的数值范围为 0 ~ 255。signed char 用字节中最高位表示数据的符号，“0” 表示正数，“1” 表示负数，负数用补码表示，所能表示的数值范围是−128 ~ +127。unsigned char 常用于处理 ASCII 字符，以及小于或等于 255 的整型数值。

2. int（整型）

int 长度为 2 字节，用于存放双字节数据，分为有符号整型数（signed int）和无符号整型数（unsigned int），默认值为 signed int。signed int 表示的数值范围是−32768 ~ +32767，字节中最高位表示数据的符号，“0”表示正数，“1”表示负数。unsigned int 表示的数值范围是 0 ~ 65535。

3. long（长整型）

long 长度为 4 字节，用于存放 4 字节数据，分为有符号长整型（signed long）和无符号长整型（unsigned long），默认值为 signed long。signed long 表示的数值范围是−2147483648 ~ +2147483647，字节中最高位表示数据的符号，“0” 表示正数，“1” 表示负数。unsigned long 表示的数值范围是 0 ~ 4294967295。

4. float（浮点型）

float 在十进制中具有 7 位有效数字，是符合 IEEE 754 标准的单精度浮点型数据，占用 4 字节。浮点数的结构较复杂，以后再详细讨论。

5. bit（位标量）

bit 是 C51 编译器的一种扩充数据类型，利用它可定义一个位标量，但不能定义位指针，也不能定义位数组。它的值是一个二进制位，不是 0 就是 1，类似一些高级语言中的 Boolean 类型（True 或 False）。

6. sfr（特殊功能寄存器）

sfr 也是一种扩充数据类型，占用一个内存单元，值域为 0 ~ 255。利用它可以访问 51 单片机内部的所有特殊功能寄存器，如 sfr P1=0x90 可以用 P1=255（对 P1 端口的所有引脚置高电平）之类的语句来操作特殊功能寄存器。

7. sfr16（16 位特殊功能寄存器）

sfr16 占用两个内存单元，值域为 0 ~ 65535。sfr16 和 sfr 一样用于操作特殊功能寄存器，所不同的是它用于操作占 2 字节的寄存器，如定时器 T0 和 T1。

8. sbit（可寻址位）

sbit 是 C51 中的一种扩充数据类型，利用它可以访问芯片内部 RAM 中的可寻址位或特殊功能寄存器中的可寻址位。如先前定义了 sfr P1=0x90，因 P1 端口的寄存器是可位寻址的，所以可以定义 sbit P1_1-P1^1;，意思是定义 P1_1 为 P1 中的 P1.1 引脚。同样，可以用 P1.1 的地址去写，如 sbit P1_1=0x91;，这样在以后的程序语句中就可以用 P1_1 来对 P1.1 引脚进行读写操作。通常可以直接使用系统提供的预处理文件（如 reg51.h 和 AT89X51.h），里面已定义好各特殊功能寄存器的简单名称，可以直接引用。

温馨提示：为提高程序的执行效率，在描述现实中的数据时，选择数据类型须注意以下几点。

（1）尽量使用最小的数据类型。由于 MCS-51 系列是 8 位机，char 类型的对象比 int 或 long 类型的对象节省存储空间，而且可以提高程序的运行速度。

（2）如果不涉及负数运算，要尽量采用 unsigned 类型。

（3）尽量使用局部函数变量，编译器总是尝试在寄存器里保持局部变量。将循环变量（如 for 和 while 循环中的计数变量）说明为局部变量是最好的，同时使用 unsigned char/int 类型的对象通常能获得最好的效果。

知识点五　C51的常量与变量

1. 常量

在程序运行过程中，其值不能改变的量称为常量。常量可以有不同的数据类型，如0、1、2、-3为整型常量；4.6、-1.23为实型常量；'a'、'、'为字符型常量，用单引号' '括起来；字符串型常量用" "括起来，如"a"是字符串型常量，不同于单个字符'a'。可以用一个标识符号代表一个常量。

2. 变量

在程序运行过程中，其值可以改变的量称为变量。在C51中，使用前必须对变量进行定义，指出变量的数据类型和存储模式，以便编译系统为它分配相应的存储单元，并在内存单元中存放该变量的值。变量根据使用范围的不同又分为全局变量和局部变量，在定义变量时要注意变量的生命周期。局部变量只在声明它的函数内有效，全局变量在各函数内都有效。

1）变量定义的格式

```
数据类型　存储类型　变量名称
```

例如：

```
int i;
```

定义i为整型变量，其中int为数据类型，i为变量的名称。

2）全局变量和局部变量

```
# include <rek51. h>
sbit P16=P1^6;                          //定义全局变量
void delay(int x)                       //定义延时函数
{
unsigned int i, j;                      //定义无符号整型变量为局部变量
  for(i=0, i<x;  i++)                   //循环语句
  for(i=0; j<120;j++);                  //循环语句，共循环120次
}
main()
{
  Int j;                                //定义局部变量
}
```

3. 变量的存储类型

采用汇编语言编程时，存储单元按指定地址进行读写，不同的指令代表访问不同的存储空间，例如，MOV指令访问片内数据存储器，MOVX指令访问片外数据存储器，MOVC指令访问程序存储器。C51中直接使用变量名去访问存储单元，没有考虑变量的存储单元地址。而变量存放在不同的存储空间中，对目标代码的执行效率影响很大，

这就需要在定义变量时除定义变量的类型之外，还要说明变量所在的存储空间，即存储类型。C51 存储类型与 8051 存储空间的对应关系如下。

data：直接寻址片内数据存储区，速度快（00 ~ 7F）。

bdata：可位寻址片内数据存储区，允许位/字节混合访问（20 ~ 2F）。

idata：间接寻址片内数据存储区，可访问全部 RAM 空间（00 ~ FF），由 MOV @Ri 访问。

pdata：分页寻址片外数据存储区（256 字节），汇编语言中用 MOVX @Ri 访问。

xdata：片外数据存储区（64 字节），用 MOVX @DPTR 访问。

code：代码存储区（64KB），由 MOVC @DPTR 访问。

选择变量的存储类型时，可参照以下原则。

通常将一些固定不变的参数或表格放在程序存储器中，存储类型设为 code。一些使用频率较高的变量或者对速度要求较高的程序中的变量可选择片内数据存储器，而将一些不常使用的变量放在片外数据存储器（存储类型为 pdata、xdata）中。

4. 变量的存储模式

定义变量时省去存储类型，C51 编译时会自动选择默认的存储类型，而默认的存储类型由存储模式确定，在 C51 中有 SMALL、COMPACT、LARGE 三种存储模式，在 Keil 环境中，可以通过目标工具选项设置所需的存储模式，下面分别对这三种模式进行说明。

1）SMALL

参数和局部变量放入可直接寻址的内部数据存储器（最大 128 字节，默认的存储类型为 data），速度快，访问方便，所用堆栈在片内 RAM。

2）COMPACT

参数和局部变量放入分页外部数据存储器（最大 256 字节，默认的存储类型为 pdata），通过 MOVX @Ri 指令间接寻址，所用堆栈在片内 RAM。

3）LARGE

参数和局部变量直接放入外部数据存储器（最大 64KB，默认的存储类型为 xdata），通过 MOVX @DPTR 指令进行访问，所形成的目标代码效率低。

在程序中，变量的存储模式的指定通过# pragma 预处理命令来实现。函数的存储模式可在函数定义时说明。如果没有指定，则系统都默认为 SMALL 模式。

知识点六　C 语言循环语句

C 语言程序结构分为顺序结构、选择结构（分支结构）和循环结构 3 种基本结构，C 语言的程序都由这 3 种基本结构组合而成。

本项目任务一的语句为顺序结构，任务二采用了循环结构。循环结构是指程序根据某个条件的成立，重复执行某些语句，直到条件不满足为止。常用的循环语句有 for 循环语句、while 循环语句和 do-while 循环语句。

1. for 循环语句

一般格式为：

```
for(表达式1;条件表达式2;表达式3)
    {
        需要循环执行的语句;
    }
```

for 循环语句执行过程如下。

第一步：初始化表达式 1。

第二步：判断条件表达式 2，如果条件为真，则执行需要循环的语句，然后计算表达式 3 的值。如果条件为假，则结束 for 循环。

第三步：计算表达 3 的值后，再次判断条件表达式 2，执行第二步，依次循环。

2. while 循环语句

一般格式为：

```
while(条件表达式)
    {
        需要循环执行的语句;
    }
```

while 循环语句先判断条件表达式的值，如果条件为真，则执行需要循环的语句；如果条件为假，则结束循环。

3. do-whlie 循环语句

一般格式为：

```
        do
    {
        需要循环执行的语句;
    }
        while(条件表达式);
```

do-whlie 循环语句先执行需要循环的语句，然后判断条件表达式的值，如果条件为真，则执行需要循环的语句，形成循环；如果条件为假，则结束循环。

知识点七　独立式按键

在单片机应用系统中，按键是非常重要的，用于单片机向应用系统输入数据或控制信息，按键有独立式按键和矩阵式键盘两种。

1. 独立式按键接口电路

独立式按键接口电路如图 2-13 所示，每一个按键的电路对应一条数据线，各按键相互独立，按下某个按键时，它所对应的数据线的电平就变成低电平。读入单片机就是逻辑 0，表示按键闭合。如果无按键按下，则所有的数据线的电平都是高电平。

独立式按键的连接和软件设计都比较简单，但由于一个按键就要占用 1 条 I/O 接口线，故一般只用于系统中按键较少的情况。

2. 按键的抖动与消除

机械式按键在闭合或松开时，由于机械触点作用的影响，触点通常伴随一定时间的抖动，抖动时间一般为 5～15ms，如图 2-14 所示，而单片机的处理速度为微秒级的，由于按键的抖动，单片机可能多次检测到按键的通断，导致判断出错。

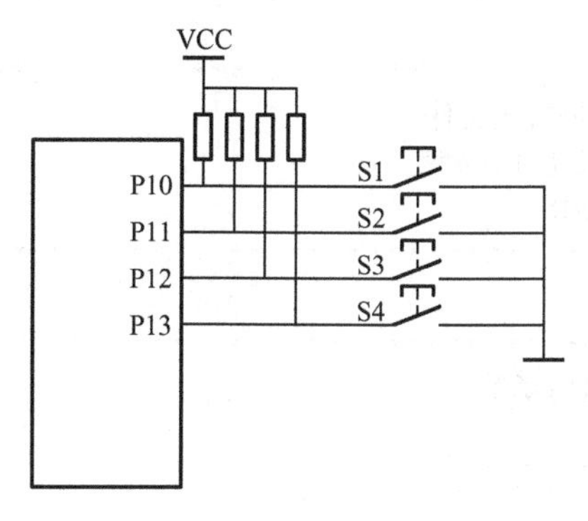

图 2-13 独立式按键接口电路

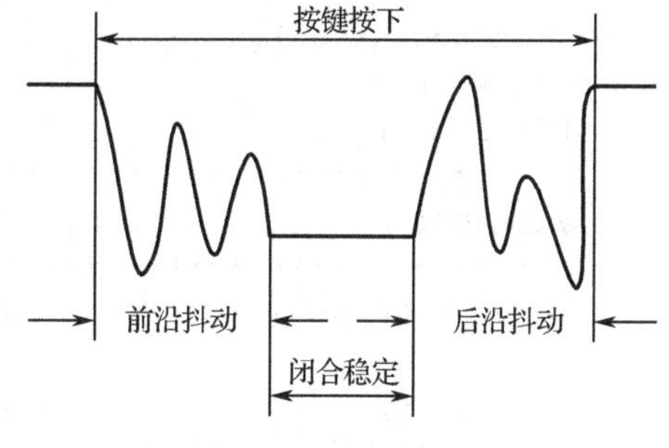

图 2-14 抖动时间

为正确识读按键动作，须消除按键抖动的干扰，常用的方法有“软件消抖”和“硬件消抖”。“硬件消抖”主要是利用 RS 触发器组成的电路来消抖。“软件消抖”主要是采取延时的方法来回避抖动时间，具体做法：当单片机第一次检测到按键闭合（为低电平）时，延时十几毫秒，再次检测是否仍闭合，如果仍为低电平，说明该按键真正被按下，否则程序不予处理。软件消抖的程序如下。

```
//****************************************************************
//软件消抖编程方法一
//****************************************************************
#include <reg51.h>                //调用C语言头文件
sbit k1=P3^2;                     //定义点亮LED按键
//****************************************************************
  //延时函数
//****************************************************************
  void delay(int x)               //定义延时函数
{
 int i, j,                        //定义无符号整型变量
 for(i=0; i<x; i++)
  for(i=0; j<120; j++)            //循环语句，循环120次
}
//****************************************************************
//主函数
//****************************************************************
void main()                       //主函数
```

```
{
  while(1)
  {
  if(k1==0)                           //判断点亮按键k1是否按下，按下为低电平
  {                                   //延时10ms
  delay(10);
  if(k1==0)                           //再次判断点亮按键k1是否按下，按下为低电平
  led=0;                              //点亮LED
}
      }
    }
//*********************************************************************
//软件消抖编程方法二
//*********************************************************************
# include <reg51.h>                   //调用C语言头文件
sbit k1=P3^2;                         //定义点亮LED按键
sbit led= P1^5                        //定义LED
//*********************************************************************
//延时函数
//*********************************************************************
    void delay(int x)                 //定义延时函数
{
  int i, j,                           //定义无符号整型变量
  for(i=0; i<x; i++)
    for(i=0; j<120; j++)              //循环语句，循环120次
}
//*********************************************************************
//主函数
//*********************************************************************
void main()                           //主函数
{
  while(1)
  {
  if(k1==0)                           //判断点亮按键k1是否按下，按下为低电平
   {
  while(k1==0);                       //判断k1是否松开。每次按下k1闭合，松开后才
执行一次
  led=0;                              //点亮LED
}
      }
    }
```

项目三

计时器的设计与制作——数码管

项目情境

数码计数显示在生活中的应用极其广泛，如交通信号指示、仪器仪表显示等。其中应用较多的显示器件为数码管，数码管体积小、质量轻，并且功耗低，是一种理想的显示单片机数据输出内容的器件，在单片机系统中有着重要的作用。本项目将通过完成“计时器的设计与制作”任务来介绍数码管显示的相关知识。数码管在交通信号灯中的应用如图 3-1 所示。

图 3-1　数码管在交通信号灯中的应用

学习目标

技能目标	1. 能够根据任务要求设计相应的电路。 2. 能够根据任务要求进行程序的编写及调试。
知识目标	1. 掌握数码管的工作原理及控制方法。 2. 掌握 C 语言中数组、选择语句的使用方法。 3. 掌握 C 语言中的数组类型及其区别。 4. 掌握 C 语言中的逻辑运算规则。 5. 掌握多位数码管动态显示的控制方法。

项目分析

利用 AT89C51 单片机制作一个计时器，实现 0 ~ 59 循环计时，并将计数值在两位数码管上显示，数字变化间隔 1s。

要完成计时器项目，需要掌握数码管的结构与工作原理，还要掌握按键的相关知识。为此，把本项目分解成以下 5 个任务。

任务一 电路设计

任务描述

设计硬件电路，单片机采用 AT89C51，时钟电路选用 12MHz 晶振，数码管显示电路如图 3-2 所示。

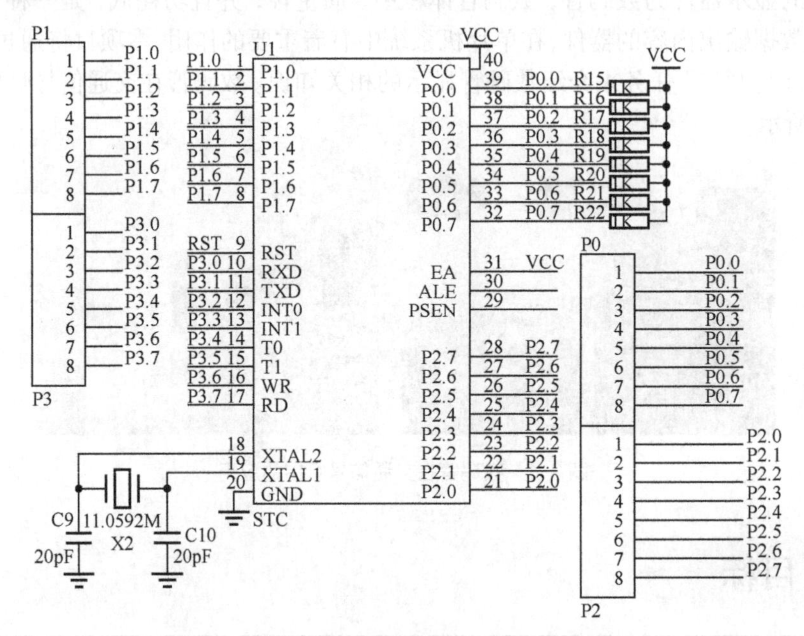

图 3-2 数码管显示电路

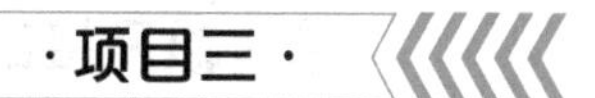

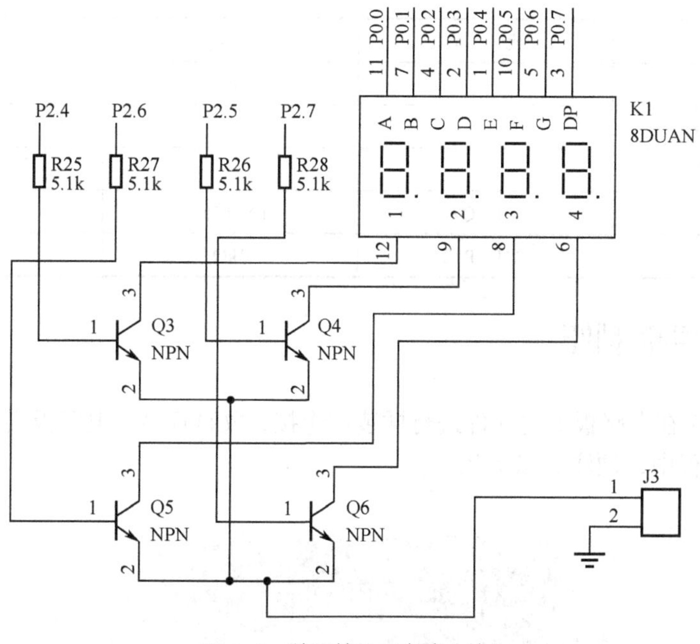

图 3-2 数码管显示电路（续）

学习目标

技能目标	能根据设计要求设计共阴极数码管控制电路。
知识目标	掌握数码管结构及工作原理。

一、元件清单

计时器电路元件清单见表 3-1。

表 3-1 计时器电路元件清单

名　称	代　号	型号/规格	数　量
单片机	U1	AT89C51	1
LED 数码管	—	共阴极数码管	2
晶振	X1	12MHz	1
瓷片电容	C1、C2	30pF	2
电解电容	C3	22μF	1
复位电阻	R1	2kΩ	1
限流电阻	R2~R10	470Ω	9
轻触开关	—	—	1
IC 插座	—	40 脚	1

续表

名　称	代　号	型号/规格	数　量
排线插针	—	8Pin	4
PCB（或万能板）	—	—	1
焊锡与松香	—	—	若干
三极管	Q1、Q2	PNP8550	2
限流电阻	R11、R12	1kΩ	2

二、电路板制作

根据图 3-2 在电路板上将元件进行插装和焊接，数码管显示电路板实物如图 3-3 所示。在制作过程中，须注意以下几点。

图 3-3　数码管显示电路板实物

（1）元件在 PCB 上插装和焊接的顺序是先低后高、先小后大，要求布局合理、整齐美观。

（2）有极性的元件要严格按照要求来安装，不能错装，如电解电容、三极管。

（3）焊点要求圆滑、光亮、无毛刺、无假焊、无虚焊，确保机械强度足够、连接可靠。

（4）在制作显示板时，如果用两只数码管，要分清段码脚和位选脚，并将两只数码管对应的 a-a、b-b、c-c、d-d、e-e、f-f、g-g、dp-dp 两两连接在一起。

三、电路板检查

通电之前，首先用万用表的电阻挡检查电源和地线间是否存在短路现象，检测 IC 插座各引脚对地电阻并记录，分析阻值是否符合电路的设计要求，是否在合理范围内，避免出现短路、开路等电路故障，发现问题需要仔细检查并排除。

通电检查，不插入芯片，检查 IC 插座的电源脚电压是否为+5V，接地脚电压是否为 0V。

任务二 数码管静态显示字符

任务描述

设计硬件电路，用 P1 口驱动单个数码管，编写程序，显示数字 6。

根据 LED 数码管工作原理可知，数码管显示内容由 7 个笔段点亮情况决定，而公共端控制整个数码管的亮灭状态。数码管的显示主要分为两种：静态显示和动态扫描显示。静态显示就是每一个数码管单独占用 I/O 口，只要把数码管公共端接通电源，把所要显示的段码送到输出端口即可。如果需要显示新的字符，就要再次发送段码。

本任务要求固定显示某一个数，程序设计比较简单，只要 I/O 口输出一个字符编码，同时让公共端保持高电平，数码管就将显示对应的字符。

例如，要显示的个位数为“6”。

学习目标

技能目标	1．根据要求，在 Proteus 软件中进行仿真电路的设计。 2．根据要求，在 Keil 软件中编写单个数码管显示的控制程序。 3．能够在仿真电路的基础上进行程序的仿真调试。 4．能够按照作业标准和规范安全文明施工。
知识目标	1．掌握数码管的控制原理。 2．掌握 C 语言中数组的使用方法。

一、仿真电路设计

打开 Proteus 软件编辑环境，按表 3-2 所列仿真元件清单添加元件。

表 3-2　仿真元件清单

元件名称	所属类	所属子类
AT89C51	Microprocessor ICs	8051 Family
CRYSTAL	Miscellaneous	—
CAP-ELEC	Capacitors	Generic
CAP	Capacitors	Generic
RES	Resistors	Generic
BUTTON	Swiches & Relay	Swiches
7SEG-MPX1-CA	Optoelectronics	7-Segment Displays

元件全部添加后，在 Proteus 软件编辑区域中连接硬件电路，如图 3-4 所示，并修改相应的元件参数。

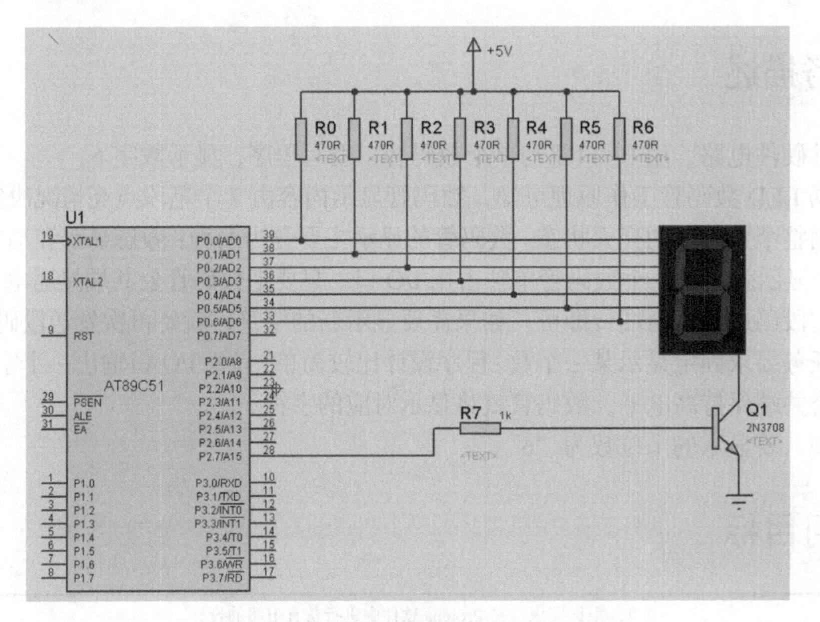

图 3-4　单个数码管静态显示仿真电路图

二、程序设计

```
//**************************************************************
//单个数码管静态显示6
//**************************************************************
#include <reg51.h>

#define duan P0         //段码信号的锁存器控制

sbit wei1=P2^7;         //位选信号的锁存器控制
sbit wei2=P2^6;
sbit wei3=P2^5;
```

```
    sbit wei4=P2^4;
    /***********************************************************************/
    /*                                                                     */
    /* 主函数                                                               */
    /*                                                                     */
    /***********************************************************************/

    void main()
    {
        duan=0x7d;          //数码管显示数字6
        wei1=1;             //选中第一个数码管
        wei2=0;
        wei3=0;
        wei4=0;
        while(1);
    }
```

三、仿真与调试运行

（1）打开 Keil 软件，新建项目，选择 AT89C51 单片机作为 CPU，新建 C 程序源文件，编写程序，并将其添加到“Source Group 1”中。在“Options for Target”对话框中，选中“Output”选项卡中的“Create HEX File”选项和“Debug”选项卡中的“Use：Proteus VSM Simulator”选项。编译 C 源程序，改正程序中出现的错误。

（2）在 Keil 的菜单中选择“Debug”→“Debug/Stop Debug Session”命令，或者直接单击工具栏中的“Debug/Stop Debug Session”图标，进入程序仿真环境。按 F5 键，顺序运行程序，调出“Proteus ISIS”界面，观察程序运行结果，单个数码管静态显示仿真图如图 3-5 所示。如有问题，应反复调试，直到仿真成功。

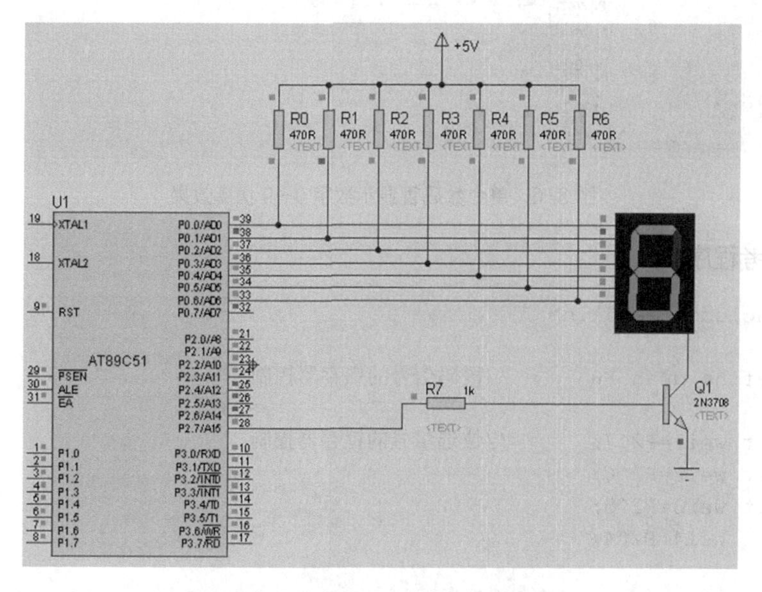

图 3-5　单个数码管静态显示仿真图

（3）将单片机芯片插入芯片座，连接好计算机和电路板，打开程序烧录软件，将由Keil软件生成的HEX文件写入单片机。

（4）单片机写入程序后，接通电源，观察系统运行状态是否符合要求。如有问题，应对硬件和软件进行调试。

四、单个数码管显示数字0～9

数字0～9对应的段码分别是0x3f、0x06、0x5b、0x4f、0x66、0x6d、0x7d、0x07、0x7f、0x6f，由于显示的内容与段码之间存在对应关系，可以将所有数字的段码按顺序先存放在数组中，然后根据显示的内容从数组中取出对应的段码即可。

1．仿真与调试运行

单个数码管显示数字0～9仿真效果如图3-6所示。

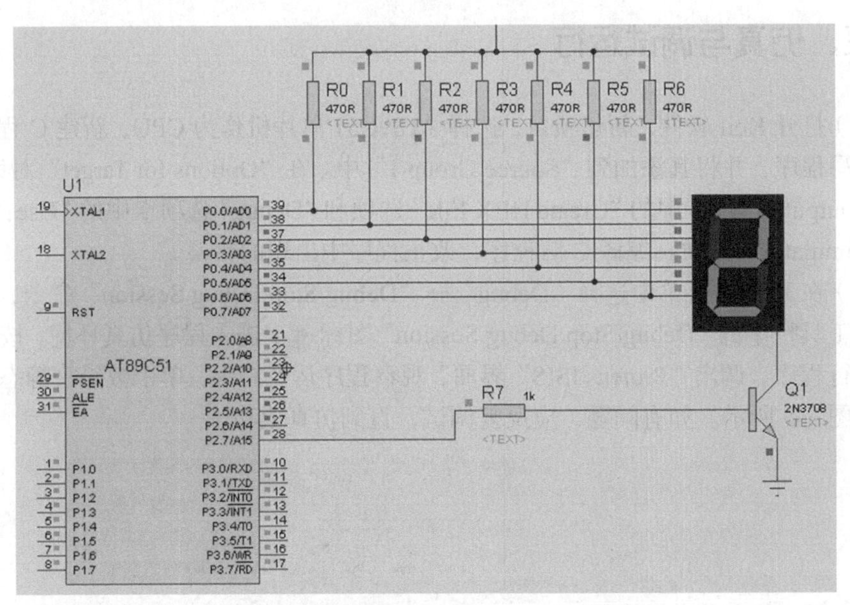

图3-6　单个数码管显示数字0～9仿真效果

2．参考程序

```
#include <reg51.h>

#define duan P0       //段码信号的锁存器控制

sbit wei1=P2^7;       //位选信号的锁存器控制
sbit wei2=P2^6;
sbit wei3=P2^5;
sbit wei4=P2^4;

unsigned char code table[]={0x3f,0x06,0x5b,0x4f,0x66,0x6d,0x7d,
```

```
                    0x07,0x7f,0x6f,0x77,0x7c,0x39,0x5e,0x79,0x71};
                    //0～F的码表
/*****************************************************************/
/*                                                               */
/* 延时函数                                                      */
/*                                                               */
/*****************************************************************/
void delay(unsigned int i)
{
    unsigned int m,n;
    for(m=i;m>0;m--)
        for(n=90;n>0;n--);
}
/*****************************************************************/
/*                                                               */
/* 主函数                                                        */
/*                                                               */
/*****************************************************************/
void main()
{
    unsigned char num;
    while(1)
    {
        for(num=0;num<10;num++)
        {
            duan=table[num];        //数码管显示
            wei1=1;                 //选中第一个数码管
            wei2=0;
            wei3=0;
            wei4=0;
            delay(1000);
        }
    }
}
```

任务三 串口驱动数码管动态显示字符

任务描述

设计硬件电路，P1 口驱动两位数码管，P2.0 与 P2.1 引脚控制两位数码管的位选，编写程序实现显示数字 3 和 9。

要实现两位数码管显示数字 3 和 9，可采用动态扫描方式。动态扫描方式是单片机中最常用的一种显示方式，其接口电路把所有数码管的 8 个笔画端连在一起，轮流控制各个数码管的公共端，使各个数码管轮流点亮。

学习目标

<table>
<tr><td rowspan="4">技能目标</td><td>1. 根据要求在 Proteus 软件中进行两个数码管动态显示仿真电路的设计。</td></tr>
<tr><td>2. 根据要求在 Keil 软件中编写两个数码管动态显示的控制程序。</td></tr>
<tr><td>3. 能够在仿真电路的基础上进行程序的仿真调试。</td></tr>
<tr><td>4. 能够按照作业标准和规范安全文明施工。</td></tr>
<tr><td rowspan="2">知识目标</td><td>1. 掌握多个数码管动态显示控制原理。</td></tr>
<tr><td>2. 掌握 C 语言中的数组类型及其区别。</td></tr>
</table>

一、仿真电路设计

打开 Proteus 软件编辑环境，按表 3-3 所列仿真元件清单添加元件。

表 3-3　仿真元件清单

元 件 名 称	所 属 类	所 属 子 类
AT89C51	Microprocessor ICs	8051 Family
CRYSTAL	Miscellaneous	—
CAP-ELEC	Capacitors	Generic
CAP	Capacitors	Generic
RES	Resistors	Generic
BUTTON	Swiches&Relay	Swiches
ZTX792A	Transistor	Bipolar
7SEG-MPX1-CA	Optoelectronics	7-Segment Displays

元件全部添加后，在 Proteus 软件编辑区域中连接硬件电路，并修改相应的元件参数。两个数码管动态显示仿真电路图如图 3-7 所示。

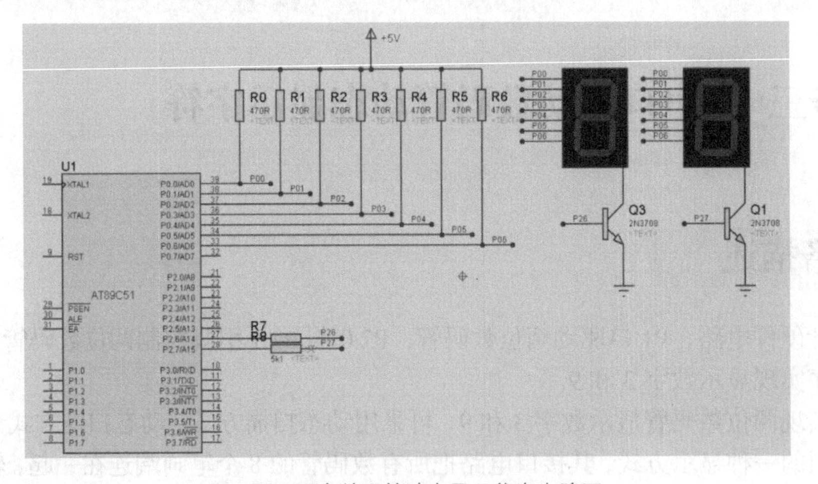

图 3-7　两个数码管动态显示仿真电路图

二、程序设计

```
//****************************************************************
//两个数码管显示数字3和9
//****************************************************************
#include <reg51.h>
#define duan P0                //段码信号的锁存器控制

sbit wei1=P2^4;                //位选信号的锁存器控制
sbit wei2=P2^5;
sbit wei3=P2^6;
sbit wei4=P2^7;

unsigned char code table[]={0x3f,0x06,0x5b,0x4f,0x66,0x6d,0x7d,
                    0x07,0x7f,0x6f,0x77,0x7c,0x39,0x5e,0x79,0x71};
                               //0～F的码表
/**************************************************************/
/*                                                            */
/* 延时函数                                                   */
/*                                                            */
/**************************************************************/
void delay(unsigned int i)
{
    unsigned int m,n;
    for(m=i;m>0;m--)
        for(n=90;n>0;n--);
}
/**************************************************************/
/*                                                            */
/* 主函数                                                     */
/*                                                            */
/**************************************************************/
void main()
{
    while(1)
    {
            wei1=1;            //选中第一个数码管
            wei2=0;
            wei3=0;
            wei4=0;
        duan=table[3];         //显示数字3
            delay(5);
            wei1=0;            //选中第二个数码管
            wei2=1;
            wei3=0;
            wei4=0;
        duan=table[9];         //显示数字9
```

```
            delay(10);

        }
    }
```

三、仿真与调试运行

（1）打开 Keil 软件，新建项目，选择 AT89C51 单片机作为 CPU，新建 C 程序源文件，编写程序，并将其添加到“Source Group 1”中。在“Options for Target”对话框中，选中“Output”选项卡中的“Create HEX File”选项和“Debug”选项卡中的“Use：Proteus VSM Simulator”选项。编译 C 源程序，改正程序中出现的错误。

（2）在 Keil 的菜单中选择“Debug”→“Debug/Stop Debug Session”命令，或者直接单击工具栏中的“Debug/Stop Debug Session”图标，进入程序仿真环境。按 F5 键，顺序运行程序，调出“Proteus ISIS”界面，观察程序运行结果，两个数码管动态显示仿真效果图如图 3-8 所示。如有问题，应反复调试，直到仿真成功。

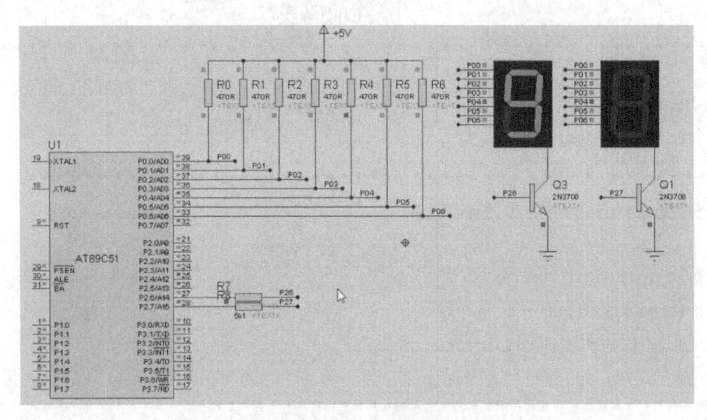

图 3-8　两个数码管动态显示仿真效果图

（3）将单片机芯片插入芯片座，连接好计算机和电路板，打开程序烧录软件，将由 Keil 软件生成的 HEX 文件写入单片机。

（4）单片机写入程序后，接通电源，观察系统运行状态是否符合要求。如有问题，应对硬件和软件进行调试。两个数码管动态显示数字 3 和 9 如图 3-9 所示。

图 3-9　两个数码管动态显示数字 3 和 9

任务四 按键控制数码管显示 0～59

任务描述

在任务三硬件电路的基础上，增加控制电路（两个独立按键），按下按键 K1 实现加 1 操作，按下按键 K2 实现减 1 操作。数码管从 00 开始显示，每次按下按键 K1 后，数码管数值加 1，达到 59 后，从 00 重新开始；按下按键 K2 后，数码管数值减 1，达到 00 后，不再变化。

学习目标

技能目标	1．根据要求在 Proteus 软件中进行按键控制数码管显示仿真电路的设计。 2．根据要求在 Keil 软件中编写按键控制数码管显示控制程序。 3．能够在仿真电路的基础上进行程序的仿真调试。 4．能够按照作业标准和规范安全文明施工。
知识目标	1．掌握 C 语言中选择语句的种类及使用方法。 2．掌握 C 语言中简单的逻辑运算规则。 3．掌握 C 语言中模块化编程方法。

一、仿真电路设计

打开 Proteus 软件编辑环境，按表 3-4 所列仿真元件清单添加元件。

表 3-4 仿真元件清单

元件名称	所属类	所属子类
AT89C51	Microprocessor ICs	8051 Family
CRYSTAL	Miscellaneous	—
CAP-ELEC	Capacitors	Generic
CAP	Capacitors	Generic
RES	Resistors	Generic
BUTTON	Swiches&Relay	Swiches
ZTX792A	Transistor	Bipolar
7SEG-MPX1-CA	Optoelectronics	7-Segment Displays

元件全部添加后，在 Proteus 软件编辑区域中连接硬件电路，并修改相应的元件参数。按键控制数码管显示仿真电路如图 3-10 所示。

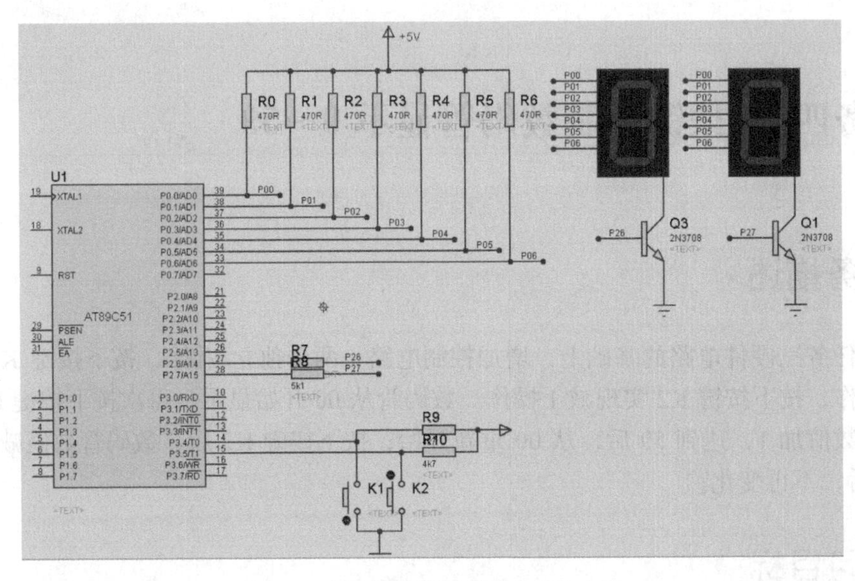

图 3-10　按键控制数码管显示仿真电路

二、程序设计

```
//**************************************************************
//按键控制数码管显示0～59
//**************************************************************
#include <reg51.h>

#define uchar unsigned char
int num;
uchar j,k;
uchar a0,b0;

#define duan P0                    //段码信号的锁存器控制

sbit wei1=P2^7;                    //位选信号的锁存器控制
sbit wei2=P2^6;
sbit wei3=P2^5;
sbit wei4=P2^4;

sbit k1=P3^4;                      //定义按键K1端口
sbit k2=P3^5;                      //定义按键K2端口
                                   //数码管各位码表
unsigned char code table[]={0x3f,0x06,0x5b,0x4f,0x66,0x6d,0x7d,
                           0x07,0x7f,0x6f,0x77,0x7c,0x39,0x5e,
                           0x79,0x71,0x00};
/**************************************************************/
/*                                                            */
/* 延时函数                                                   */
/*                                                            */
/**************************************************************/
```

```
void delay(uchar i)
{
    for(j=i;j>0;j--)
    for(k=125;k>0;k--);
}
/***************************************************************/
/*                                                             */
/* 数码管显示函数                                               */
/*                                                             */
/***************************************************************/
void display(uchar a,uchar b)
{
   duan=table[a];              //个位显示
   wei1=0;
   wei2=0;
   wei3=0;
   wei4=1;
   delay(5);

   duan=table[b];              //十位显示
   wei1=0;
   wei2=0;
   wei3=1;
   wei4=0;
   delay(5);
}
/***************************************************************/
/*                                                             */
/* 键盘扫描函数                                                 */
/*                                                             */
/***************************************************************/
void keyscan()                 //按键扫描
{
    if(k1==0)                  //按键K1按下
    {
       while(k1==0);           //消抖
       num++;                  //加1
    }
    if(k2==0&num!=0)           //按键K2按下，且数不为0
    {
       while(k2==0);           //消抖
       num--;                  //减1
    }
    if(num==60)
       num=0;
}
/***************************************************************/
/*                                                             */
/* 主函数                                                       */
/*                                                             */
```

```
/*****************************************************************/
void main()
{
    num=0;
    while(1)
    {
        keyscan();
          a0=num%10;                       //个位数
        b0=num/10;                         //十位数
        display(a0,b0);
    }
}
```

三、仿真与调试运行

（1）打开 Keil 软件，新建项目，选择 AT89C51 单片机作为 CPU，新建 C 程序源文件，编写程序，并将其添加到“Source Group 1”中。在“Options for Target”对话框中，选中“Output”选项卡中的“Create HEX File”选项和“Debug”选项卡中的“Use：Proteus VSM Simulator”选项。编译 C 源程序，改正程序中出现的错误。

（2）在 Keil 的菜单中选择“Debug”→“Debug/Stop Debug Session”命令，或者直接单击工具栏中的“Debug/Stop Debug Session”图标，进入程序仿真环境。按 F5 键，顺序运行程序，调出“Proteus ISIS”界面，观察程序运行结果，按键控制数码管显示仿真效果图如图 3-11 所示。如有问题，应反复调试，直到仿真成功。

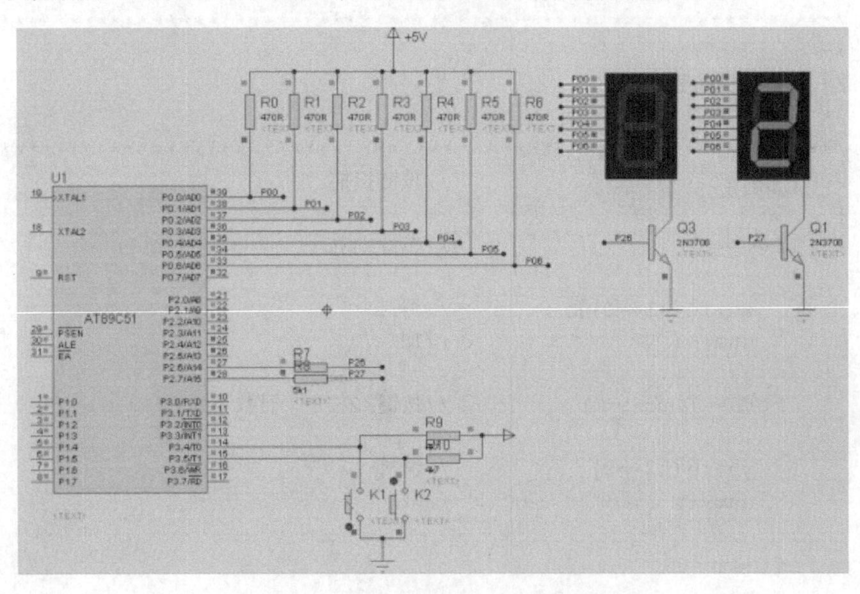

图 3-11　按键控制数码管显示仿真效果图

（3）将单片机芯片插入芯片座，连接好计算机和电路板，打开程序烧录软件，将由 Keil 软件生成的 HEX 文件写入单片机。

（4）单片机写入程序后，接通电源，观察系统运行状态是否符合要求。如有问题，应对硬件和软件进行调试。

任务五 60s 计时器的设计与制作

任务描述

设计 60s 计时器，按键 K1 具有启动与停止功能，按键 K2 具有复位功能，可以将计时器清零。首次按下 K1 后，两个数码管从“00”开始显示，每 1s 增加 1，再次按下 K1 后，数码管停止计时；按下 K2 后，数码管清零。

学习目标

技能目标	1．根据要求在 Proteus 软件中进行计时器仿真电路的设计。 2．根据要求在 Keil 软件中编写计时器控制程序。 3．能够在仿真电路的基础上进行程序的仿真调试。 4．能够按照作业标准和规范安全文明施工。
知识目标	掌握单片机串行接口的 4 种工作方式。

一、仿真电路设计

打开 Proteus 软件编辑环境，按表 3-5 所列仿真元件清单添加元件。

表 3-5 仿真元件清单

元件名称	所属类	所属子类
AT89C51	Microprocessor ICs	8051 Family
CRYSTAL	Miscellaneous	—
CAP-ELEC	Capacitors	Generic
CAP	Capacitors	Generic
RES	Resistors	Generic
BUTTON	Swiches&Relay	Swiches
ZTX792A	Transistor	Bipolar
7SEG-MPX1-CA	Optoelectronics	7-Segment Displays

元件全部添加后，在 Proteus 软件编辑区域中连接硬件电路，并修改相应的元件参数。60s 计时器仿真电路图如图 3-12 所示。

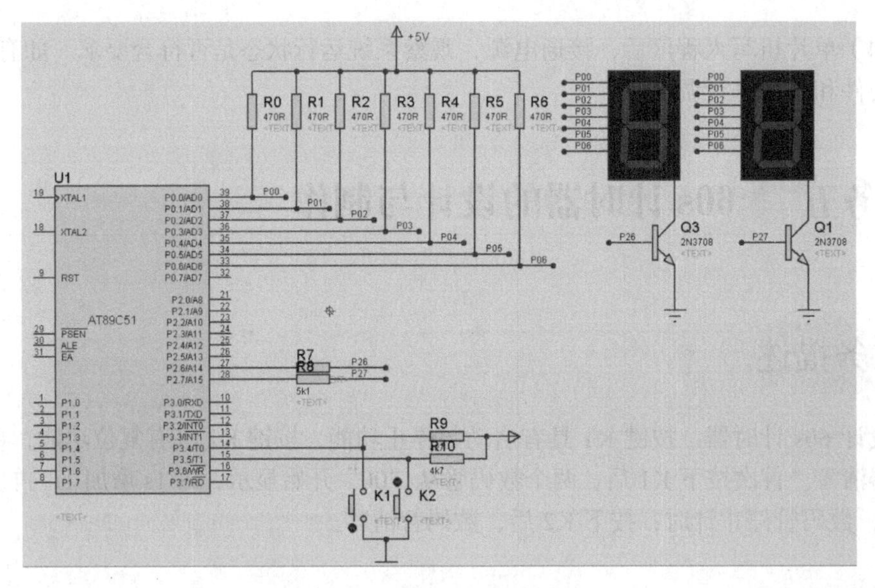

图 3-12　60s 计时器仿真电路图

二、程序设计

本任务中开始按键具有开始与停止两个功能，是通过定义 start 标志位来实现的。标志位 start==0，执行停止功能；start==1，执行秒计数功能。秒的计数通过全局变量 count++记录函数执行次数来实现，函数每执行 50 次，秒数加 1。

```
//*****************************************************************
//60s计时器
//*****************************************************************
#include <reg51.h>

#define uchar unsigned char
int second, start,count; //second为秒数，start为按键K1按下次数的状态位
uchar j,k;
uchar a0,b0;

#define duan P0                          //段码信号的锁存器控制

sbit wei1=P2^4;                          //位选信号的锁存器控制
sbit wei2=P2^5;
sbit wei3=P2^6;
sbit wei4=P2^7;

sbit k1=P3^4;                            //定义按键K1端口
sbit k2=P3^5;                            //定义按键K2端口
                                         //数码管各位码表
unsigned char code table[]={0x3f,0x06,0x5b,0x4f,0x66,0x6d,0x7d,
                            0x07,0x7f,0x6f,0x77,0x7c,0x39,0x5e,
                            0x79,0x71,0x00};
```

```
/************************************************************************/
/*                                                                      */
/* 延时函数                                                             */
/*                                                                      */
/************************************************************************/
void delay(uchar i)
{
    for(j=i;j>0;j--)
    for(k=125;k>0;k--);
}
/************************************************************************/
/*                                                                      */
/* 数码管显示函数                                                       */
/*                                                                      */
/************************************************************************/
void display(uchar a,uchar b)
{
   duan=table[a];                    //个位数
   wei1=1;
   wei2=0;
   wei3=0;
   wei4=1;
   delay(5);

   duan=table[b];                    //十位数
   wei1=0;
   wei2=1;
   wei3=0;
   wei4=0;
   delay(5);
}
/************************************************************************/
/*                                                                      */
/* 键盘扫描函数                                                         */
/*                                                                      */
/************************************************************************/
void keyscan()
{
    if(k1==0)                        //按键K1按下
    {
       while(k1==0);
       if(start ==0) start =1;       //start为0时，赋值为1
       else start =0;                //start为1时，赋值为0
    }
    if(k2==0)                        //按键K2按下
    {
       while(k2==0);
       second=0;                     //秒数为0
       start =0;                     //start为0
    }
```

```
    }
    /*****************************************************************/
    /*                                                               */
    /* 主函数                                                         */
    /*                                                               */
    /*****************************************************************/
    void main()
    {
        second=0;
        start =0;
        count=0;
        while(1)
        {
            keyscan();
            if(start ==1)                  //start为1时，进行计时
            {
                count++;
                if(count==50)
                {
                    second++;count=0;
                    if(second==60)second=0;
                }
            }
            a0=second%10;                  //个位数
            b0=second/10;                  //十位数
            display(a0,b0);
            delay(100);
        }
    }
```

三、仿真与调试运行

60s 计时器仿真效果图如图 3-13 所示。

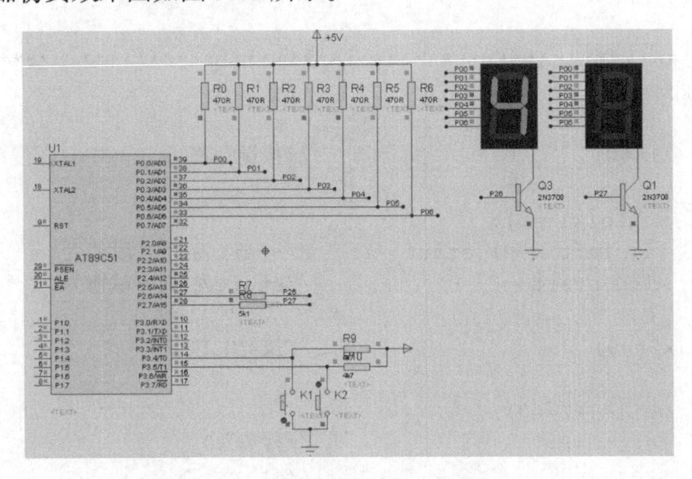

图 3-13　60s 计时器仿真效果图

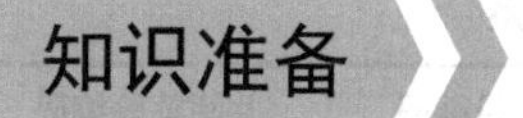

知识点一　数码管

1. 数码管的结构特点

最常见的数码管为 7 段数码管，它实际上由 8 个 LED 组合而成，如图 3-14 所示，包括 7 个笔段（a、b、c、d、e、f、g）与一个小数点 dp。当某个 LED 导通时，相应的一个笔画或小数点就发光。控制不同的 LED 导通，就能显示出对应字符。

（a）数码管实物图

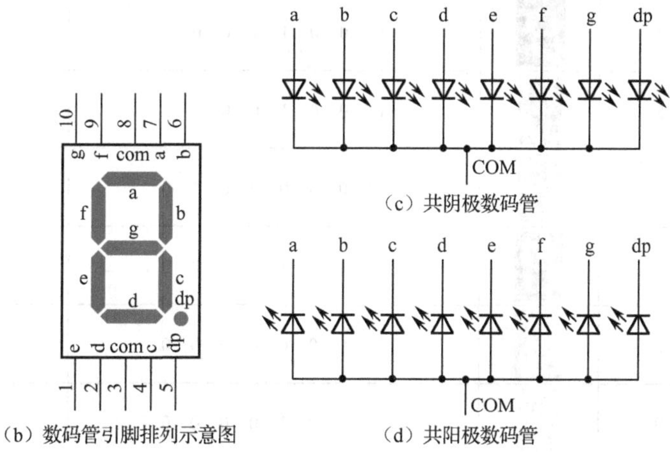

（b）数码管引脚排列示意图　（c）共阴极数码管　（d）共阳极数码管

图 3-14　7 段数码管

数码管共有 10 只引脚，包含 8 只笔段引脚，另外两只引脚（3、8 引脚）为数码管的公共端，在数码管内部是相互连通的。

温馨提示：从数码管的正面观看，以左侧第一脚为起点，引脚顺序按逆时针方向排列。其中 3、8 脚在内部是连接在一起的。

2. 数码管分类

根据数码管内 LED 的连接方式，可将数码管分为共阴极与共阳极两大类，将 8 个 LED 的阴极连在一起即共阴极数码管，而将 8 个 LED 的阳极连在一起即共阳极数码管。以共阳极数码管为例，如把公共端接高电平，相应笔段的阴极接低电平，该段即会发光。当然，LED 的电流通常较小（5～20mA），一般均须在回路中接限流电阻。假如将 b 和 c 段接上低电平，其他段接高电平或悬空，那么 b 和 c 段发光，此时数码管将显示数字“1”；而将 a、b、d、e 和 g 段都接低电平，其他引脚悬空，此时数码管将显示“2”；其他字符的显示原理类似。数码管显示数字 0～9 与笔段编码的关系见表 3-6。

表 3-6　数码管显示数字 0～9 与笔段编码的关系

字　符	字　形	dp g f e d c b a	共阳笔段编码	共阴笔段编码
0		1 1 0 0 0 0 0 0	C0H	3FH
1		1 1 1 1 1 0 0 1	F9H	06H
2		1 0 1 0 0 1 0 0	A4H	5BH
3		1 0 1 1 0 0 0 0	B0H	4FH
4		1 0 0 1 1 0 0 1	99H	66H
5		1 0 0 1 0 0 1 0	92H	6DH
6		1 0 0 0 0 0 1 0	82H	7DH
7		1 1 1 1 1 0 0 0	F8H	07H
8		1 0 0 0 0 0 0 0	80H	7FH
9		1 0 0 1 0 0 0 0	90H	6FH
不显示		1 1 1 1 1 1 1 1	FFH	00H

知识点二　C51 常用的运算符及数组

1. 运算符

运算符是完成特定运算的符号，利用运算符可以组成各种表达式和语句。C51 常用的运算符有以下几种。

1）赋值运算符与赋值表达式

符号“=”在 C 语言中是赋值运算符，赋值运算符的作用是将一个数值赋给一个变量，利用赋值运算符将一个变量与一个表达式连接起来的式子称为赋值表达式，在赋值表达式的后面加一个分号“;”就构成了赋值语句，赋值语句的格式为

```
变量=表达式;
```

例 1

```
int i=6;                    //将6赋给整型变量i
P1=0x00;                    //将数据0x00送到P1端口
```

2）算术运算符

C51 中支持的算术运算符有以下几个。

+：加法或取正值运算符。

-：减法或取负值运算符。

*：乘法运算符。

/：除法运算符。

%：取余运算符。

注意：除法运算中，如果参加运算的两个数为浮点数，则运算结果也为浮点数；如果参加运算的两个数为整数，则运算结果也为整数，即整除。

例 2 30.0/20.0 结果为 1.5，而 30/20 结果为 1。

取余运算要求参加运算的两个数必须为整数，运算结果为它们的余数。

例 3 a=8%3，结果 a 的值为 2。

3）关系运算符与关系表达式

关系运算符实际上是一种比较运算符，将两个数值进行比较，判断其比较的结果是否符合给定条件，用关系运算符将两个表达式连接起来形成的式子称为关系表达式。关系表达式通常用来作为判别条件构造分支或循环程序。关系运算符见表 3-7。

表 3-7 关系运算符

符 号	例 子	意 义
>	a>b	a 大于 b
<	a<b	a 小于 b
==	a==b	a 等于 b
>=	a>=b	a 大于或等于 b
<=	a<=b	a 小于或等于 b
!=	a!=b	a 不等于 b

注意：关系运算符“==”由两个“=”组成。

4）逻辑运算符

C 语言中有 3 种逻辑运算符：逻辑非（!）、逻辑与（&&）、逻辑或（||），它们的优先级顺序为逻辑非→逻辑与→逻辑或。

逻辑非（!）：当表达式 a 为真时，!a 结果为假，反之亦成立。

逻辑与（&&）：当两个表达式 a 和 b 都为真时，a&&b 结果才为真，否则为假。

逻辑或（||）：当两个表达式 a 和 b 都为假时，a||b 结果才为假，否则结果为真。

5）位运算符

位运算符的作用是按位对变量进行运算，并不改变参与运算的变量的值，C51 中位运算符只能对整数进行操作，不能对浮点数进行操作。位运算符见表 3-8。

表 3-8　位运算符

符　　号	例　　子	意　　义	功　　能
&	a&b	a 与 b 各位进行与运算	将不需要的位清零
|	a|b	a 与 b 各位进行或运算	指定的位置 1
^	a^b	a 与 b 各位进行异或运算	与 1 异或，使位翻转
～	a～b	将 a 取反	将各位取为相反值
>>	a>>b	将 a 的值右移 b 个位	顺序右移若干位
<<	a<<b	将 a 的值左移 b 个位	顺序左移若干位

例 4　如果 a=11111101，执行表达式“a<<3;”后，左移空出的三位将补 0，结果 a 变为 11101000。

例 5　如果 a=01010100，b=00111011，则执行表达式“a&b;”和“a|b;”后，结果分别为 a&b=0010000=0x10 和 a|b=01111111=0x7f。

6）自增和自减运算符

C51 中，除基本的加、减、乘、除运算符之外，还提供了特殊的运算符：“++”自增运算符和“--”自减运算符。

例 6　“i=5;”，执行表达式“j=i++;”后，j 的值变为 6，i 的值仍为 5；执行表达式“j=++i;”后，j 的值变为 6，i 的值也变为 6。

7）复合赋值运算符

C51 中支持复合赋值运算符，在赋值运算符“=”的前面加上其他运算符，就组成了复合赋值运算符，大部分二目运算符都可以用复合赋值运算符简化表示，下面为常用复合赋值运算符。

+=：加法赋值。

/=：除法赋值。

*=：乘法赋值。

&=：逻辑与赋值。

%=：取模赋值。

>>=：右移位赋值。

例 7　a>>=3 相当于 a=a>>3。

2．数组

1）数组的概念

C 语言中，把具有相同类型的数据元素组织在一起，这种顺序排列的数据元素集合称为数组。数组同变量一样，必须先定义、后使用。C 语言支持一维数组和多维数组，定义形式如下：

```
数据类型　数组名[常量表达式1]，[数组名2[常量表达式2]，…]；
```

（1）数据类型是指数组元素的数据类型。

（2）数组名与变量名一样，必须遵循标识符命名规则。

（3）“常量表达式”必须用方括号括起来，指的是数组的元素个数（又称数组长度），它是一个整型值，其中可以包含常数和符号常量，但不能包含变量。

例如：

```
    int a[10];//定义整型数组，有10个数据元素
    Char  tab[]={0xc0,0xf9,0xa4,0xb0,0x99,0x92,0x82,0xf8,0x80,0x90};
//定义字符型数组，有10个数据元素
```

注意：C 语言中不允许动态定义数组。

2）数组的使用

引用数组中的任意一个元素的形式：

```
    数组名[下标表达式]
```

（1）“下标表达式”可以是任何非负整型数值，取值范围是 0 ~ (元素个数-1)。

特别强调：在运行 C 语言程序过程中，系统并不自动检验数组元素的下标是否越界。

（2）一个数组元素实质上就一 1 个变量，它具有和相同类型单个变量一样的属性，可以赋值和参与各种运算。

（3）在 C 语言中，数组作为一个整体不能参与数据运算，只能对单个的元素进行处理。

知识点三　串行接口工作方式

8051 单片机的串行接口有 4 种工作方式，通过 SCON 中的 SM1 和 SM0 位来决定。

1. 方式 0

在方式 0 下，串行接口作为同步移位寄存器使用，其波特率固定为 fosc/12。串行数据从 RXD（P3.0）引脚输入或输出，同步移位脉冲由 TXD（P3.1）引脚送出。这种方式通常用于扩展 I/O 口。

当方式 0 用来扩展 I/O 口输出功能时，数据写入发送缓冲器 SBUF，串行口将 8 位数据以 fosc/12 的波特率从 RXD 引脚输出（低位在前），发送完毕后，置中断标志 TI 为 1，请求中断。再次发送数据之前，必须由软件将 TI 清 0。方式 0 用于扩展 I/O 口输出功能的实例如图 3-15 所示。

当方式 0 用来扩展 I/O 口输入功能时，在满足 REN=1 和 RI=0 的条件下，串行口即开始从 RXD 引脚以 fosc/12 的波特率输入（低位在前），当接收完 8 位数据后，置中断标志 RI 为 1，请求中断。再次发送数据之前，必须由软件将 RI 清 0。方式 0 用于扩展 I/O 口输入功能的实例如图 3-16 所示。

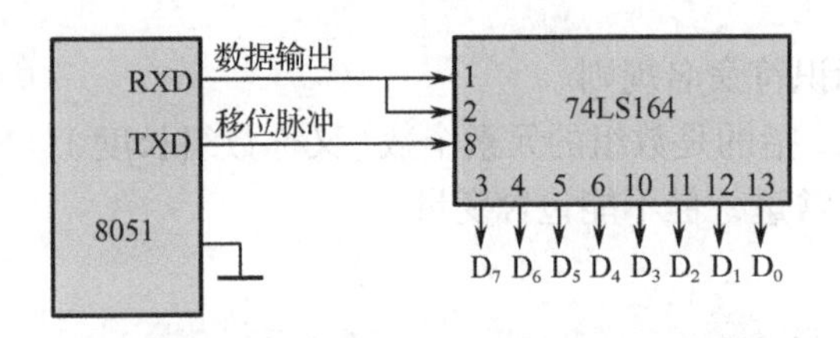

图 3-15 方式 0 用于扩展 I/O 口输出功能的实例

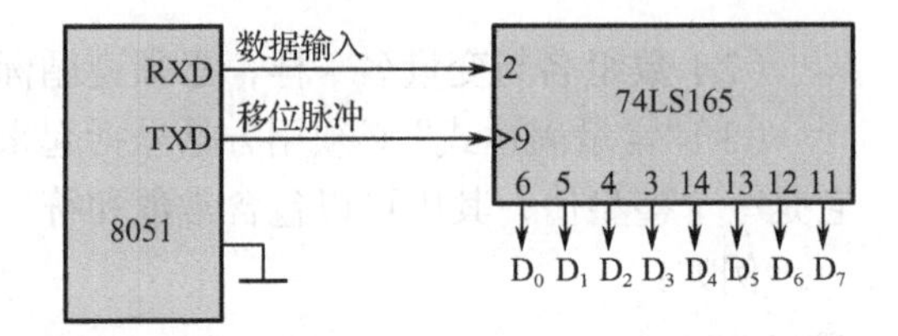

图 3-16 方式 0 用于扩展 I/O 口输入功能的实例

2. 方式 1

方式 1 下，数据帧包括 1 位起始位、8 位数据位和 1 位停止位，10 位帧格式如图 3-17 所示。波特率由定时器 T1 和 SMOD 位确定。

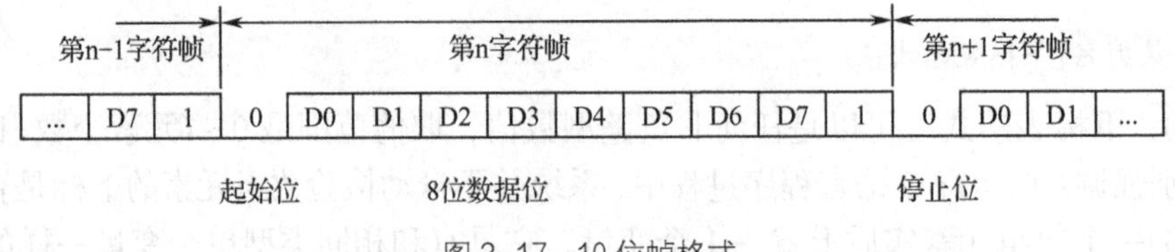

图 3-17 10 位帧格式

TI=0，数据写入发送缓冲器 SBUF 即启动发送。发送完一帧数据后，硬件将中断标志位 TI 置 1，通知 CPU 发送完成。在发送下一个字符之前，一定要将 TI 软件清 0。

在接收允许标志位 REN=1 时，串行口采样 RXD，当采样由 1 到 0 跳变时，确认是起始位 0，开始接收 1 帧数据。当 RI=0，且停止位为 1 或 SM2=0 时，停止位进入 RB8 位，同时硬件置位中断标志 RI；否则，信息将丢失。所以，采用方式 1 接收时，应先用软件将 RI 或 SM2 标志清 0。

3. 方式 2

方式 2 下，数据帧包括 1 位起始位、8 位数据位、1 位可编程位（用于奇偶校验）、1 位停止位，11 位帧格式如图 3-18 所示。

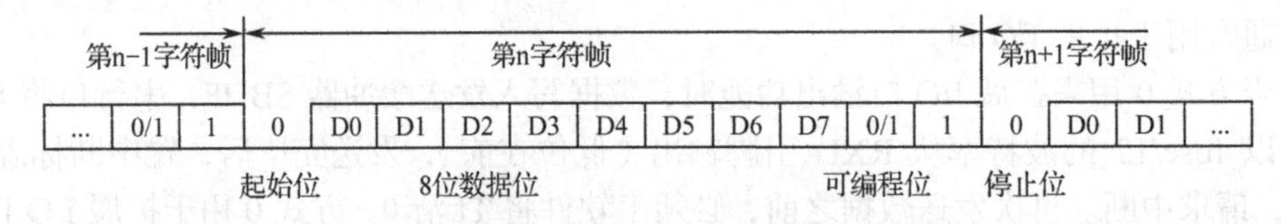

图 3-18 11 位帧格式

与方式 1 相比，方式 2 多了 1 位可编程位，可用软件清 0 或置 1，用来实现奇偶校验，或作为多机通信的数据、地址信息标志。发送时，可编程位可根据需要设为 0 或 1，并装入 SCON 的 TB8 位，将要发送的数据写入 SBUF，启动发送。发送完数据后，紧接着发送 TB8。接收时，当接收器接收到 1 帧信息后，如果同时满足 RI=0 和 SM2=0，或接收到的第 9 位数据为 1，则将 8 位数据送入 SBUF，第 9 位可编程位送入 SCON 的 RB8 位，并置 RI=1。如果不满足上述两个条件，则信息丢失。

波特率与 SMOD 有关，为 fosc/64（SMOD=0）或 fosc/32（SMOD=1）。

4. 方式 3

方式 3 为波特率可变的 11 位帧格式。除波特率以外，方式 3 和方式 2 完全相同。

知识点四　C 语言选择语句

项目二中提到了 C 语言的三种基本结构之一——选择结构（分支结构），选择结构是指程序根据某个条件成立，选择需要执行的语句并进入分支。常用的选择语句有 if 语句和 switch 语句。

1. if 语句

C 语言提供了三种常用 if 语句的形式。

1）第 1 种

```
if(表达式)
{须执行的语句;}
```

单分支选择，如果表达式条件为真，则执行须执行的语句，否则跳过须执行的语句，直接执行后面的语句。

2）第 2 种

```
if(表达式)
{须执行的语句1;}
else
{须执行的语句2;}
```

双分支选择，如果表达式条件为真，则执行须执行的语句 1，否则跳过须执行的语句 1，直接执行须执行的语句 2。

3）第 3 种

```
if(表达式1)
{须执行的语句1;}
else if(表达式2)
{须执行的语句2;}
else if(表达式3)
{须执行的语句3;}
```

多分支选择，依次判断各表达式的值，如果条件为真，则执行该条件对应的表达式，然后跳出该 if 语句。具体执行过程：如果表达式 1 为真，则执行须执行的语句 1；如果表达式 2 为真，则执行须执行的语句 2；如果表达式 3 为真，则执行须执行的语句 3。

2. switch 语句

switch 语句的一般形式为：

```
switch(表达式)
{
```

```
    case常量表达式1;语句1;break;
    case常量表达式2;语句2;break;
    case常量表达式3;语句3;break;
    ...
    Default:语句n;
    }
```

执行过程：首先计算表达式的值，然后将该值与后面常量表达式的值相比较，当某个常量表达式的值与该值相等（相匹配）时，则执行该 case 后面的语句，遇到 break 则跳出整个 switch 语句；如果没有常量表达式的值与该值相等（相匹配），则执行 Default 后面的语句 n。

课后练习：数码管动态显示字符。

项目四

抢答器的设计与制作——中断

项目情境

日常生活中抢答器是一种应用非常广泛的设备，在各种竞猜、抢答场合中，它能迅速、客观地分辨出最先获得发言权的选手。本项目将通过制作“抢答器”来介绍外部中断和定时器中断的相关知识。知识竞赛抢答现场如图 4-1 所示。

图 4-1　知识竞赛抢答现场

学习目标

技能目标	1．会制作抢答器的硬件电路。 2．掌握中断处理程序的设计方法。 3．理解抢答器的程序设计方法并会编写程序。
知识目标	1．理解中断相关知识。 2．掌握与中断有关的特殊功能寄存器的使用方法。

项目分析

本项目主要通过制作抢答器来介绍单片机中断相关的知识,为此将本项目分解为以下5个任务。

任务一 按键控制数码管显示0~59（外部中断实现）

任务描述

利用按键K1实现加1操作，按键K2实现减1操作，这是利用按键闭合、松开时高低电平的变化来完成的，本任务通过外部中断实现加1减1操作。

学习目标

技能目标	能够使用外部中断方法编写按键控制数码管显示程序并仿真调试。
知识目标	掌握中断编程的概念及方法。

一、仿真电路设计

打开Proteus软件编辑环境，按表4-1所列仿真元件清单添加元件。

表4-1 仿真元件清单

元件名称	所属类	所属子类
AT89C51	Microprocessor ICs	8051 Family
CRYSTAL	Miscellaneous	—
CAP	Capacitors	Generic
CAP-ELEC	Capacitors	Generic
RES	Resistors	Generic
BUTTON	Switches&Relays	Switches
7SEG-MPX2-CA	Optoelectronics	7-Segment Displays

元件全部添加后，在Proteus软件编辑区域中连接硬件电路，并修改相应的元件参数。按键控制两位数码管显示0~59仿真电路图如图4-2所示。

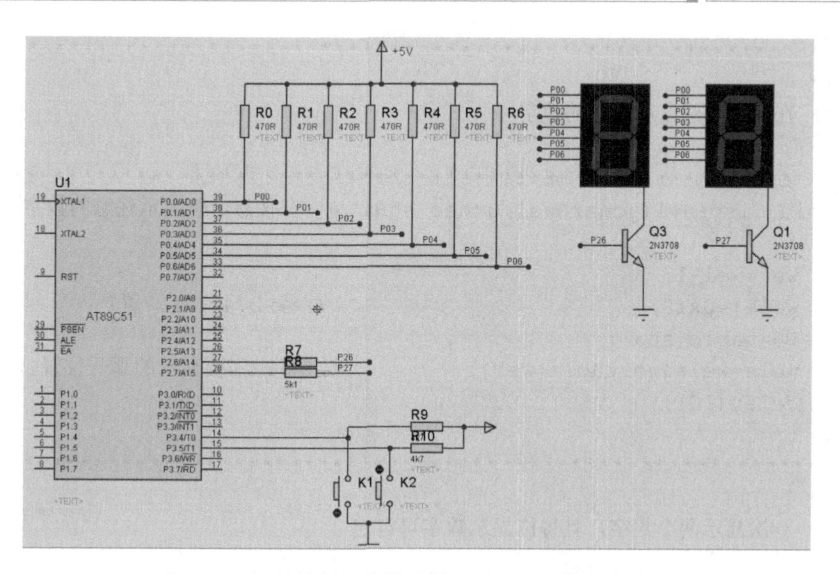

图 4-2　按键控制两位数码管显示 0～59 仿真电路图

二、程序设计

```
//*****************************************************************
//外部中断实现两位数码管显示0～59，注意外部中断采用下降沿触发
//*****************************************************************
#include <reg51.h>

#define uchar unsigned char

#define dula P0       //段码信号的锁存器控制
#define wela P2       //位选信号的锁存器控制，这里只用到P2.4～P2.7

sbit k1=P3^4;         //定义按键K1端口
sbit k2=P3^5;         //定义按键K2端口

unsigned char j,k,c1,c0,m;

unsigned char code weitable[]={0x8f,0x4f,0x2f,0x1f};
                      //数码管各位的码表
unsigned char code table[]={0x3f,0x06,0x5b,0x4f,0x66,0x6d,0x7d,
                      0x07,0x7f,0x6f,0x77,0x7c,0x39,0x5e,0x79,0x71};
/*****************************************************************/
/*                                                               */
/* 延时函数                                                       */
/*                                                               */
/*****************************************************************/
void delay(unsigned char i)
{
  for(j=i;j>0;j--)
    for(k=125;k>0;k--);
}
```

```
/**********************************************************************/
/*                                                                    */
/* 在任意一位显示任意的数字                                           */
/*                                                                    */
/**********************************************************************/
void display1(uchar wei,uchar shu)   //在任意一位显示任意的数字
{
  wei=wei-1;
  wela|=0xf0;                         //将P2.4～P2.7置1
  P0=table[shu];
  wela=wela&weitable[wei];            //将P2需要显示的那一位置1，其他置0
  delay(10);
}
/**********************************************************************/
/*                                                                    */
/* 一次显示两个数字，且每位显示数字可自定                             */
/*                                                                    */
/**********************************************************************/
void display(unsigned char a,unsigned char b)
{
  display1(2,a);
  display1(1,b);
}
/**********************************************************************/
/*                                                                    */
/* 主函数                                                             */
/*                                                                    */
/**********************************************************************/
void main()
{
 TMOD=0x01;                           //模式设置
 TR0=1;                               //打开定时器
 TH0=(65536-46080)/256;               //由于晶振为11.0592，故所计次数应为
46080，计时器每隔50000微秒发起一次中断
 TL0=(65536-46080)%256;               //46080的来历为50000*11.0592/12
 ET0=1;                               //开定时器0中断
 EA=1;                                //开总中断
 while(1)
 {
     c0=m%10;                         //去除当前描述的个位和十位
     c1=m/10;
     display(c1,c0);                  //显示
 }
}
/**********************************************************************/
/*                                                                    */
/*中断函数                                                            */
/*                                                                    */
/**********************************************************************/
void time0() interrupt 1
```

```
    {
     TH0=(65536-46080)/256;
       TL0=(65536-46080)%256;
       if(k1==0)                   //按键K1按下
       {
          while(k1==0);            //消抖
          m++;                     //加1
       }
       if(k2==0)                   //按键K2按下
       {
          while(k2==0);            //消抖
          m--;                     //减1
       }
       if(m==60)
          m=0;
    }
```

三、仿真与调试运行

（1）打开 Keil 软件，新建项目，选择 AT89C51 单片机作为 CPU，新建 C 程序源文件，编写程序，并将其添加到“Source Group 1”中。在“Options for Target”对话框中，选中“Output”选项卡中的“Create HEX File”选项和“Debug”选项卡中的“Use：Proteus VSM Simulator”选项。编译 C 源程序，改正程序中出现的错误。

（2）在 Keil 的菜单中选择“Debug”→“Debug/Stop Debug Session”命令，或者直接单击工具栏中的“Debug/Stop Debug Session”图标，进入程序仿真环境，按 F5 键，顺序运行程序，调出“Proteus ISIS”界面，观察程序运行结果，按键控制两位数码管显示 0～59 仿真效果图如图 4-3 所示。如有问题，应反复调试，直到仿真成功。

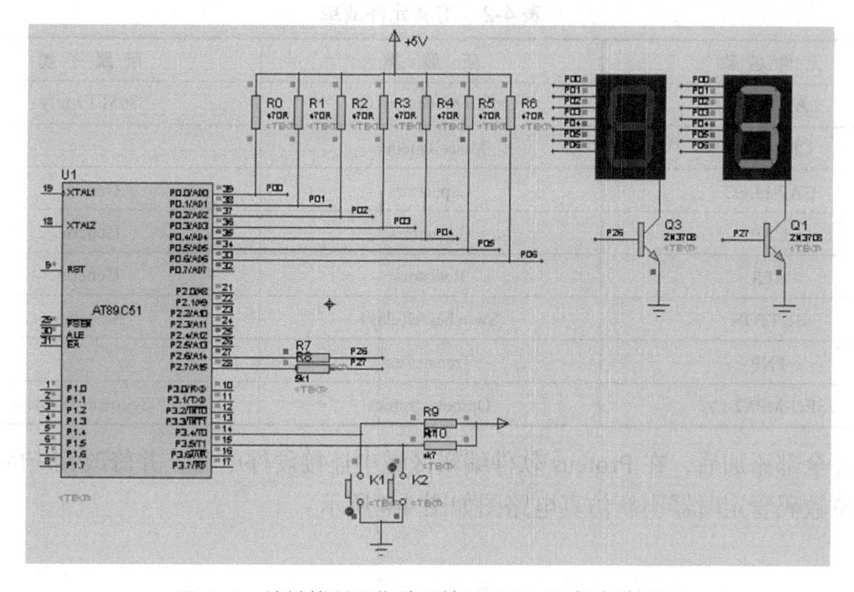

图 4-3　按键控制两位数码管显示 0～59 仿真效果图

（3）将单片机芯片插入芯片座，连接好计算机和电路板，打开程序烧录软件，将由Keil软件生成的HEX文件写入单片机。

（4）单片机写入程序后，接通电源，观察系统运行状态是否符合要求。如有问题，应对硬件和软件进行调试。

任务二 数码管动态显示字符（定时器刷新）

任务描述

项目三的任务三中，数码管扫描时间的控制是通过延时函数来实现的，本任务通过定时器刷新实现。

学习目标

技能目标	使用定时器刷新方法控制两位数码管动态显示的编程、仿真调试。
知识目标	掌握单片机自带定时器的工作方式及控制方法。

一、仿真电路设计

打开Proteus软件编辑环境，按表4-2所列仿真元件清单添加元件。

表4-2 仿真元件清单

元件名称	所属类	所属子类
AT89C51	Microprocessor ICs	8051 Family
CRYSTAL	Miscellaneous	—
CAP-ELEC	Capacitors	Generic
CAP	Capacitors	Generic
RES	Resistors	Generic
BUTTON	Switches&Relays	Switches
PNP	Transistors	—
7SEG-MPX2-CA	Optoelectronics	7-Segment Displays

元件全部添加后，在Proteus软件编辑区域中连接硬件电路，并修改相应的元件参数。两位数码管定时器刷新仿真电路图如图4-4所示。

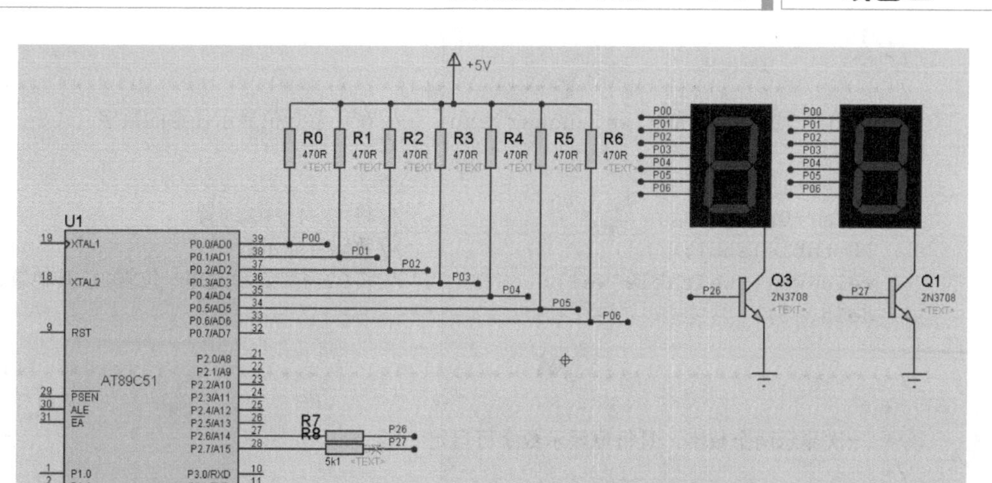

图 4-4 两位数码管定时器刷新仿真电路图

二、程序设计

```
//*************************************************************
//数码管动态显示字符（定时器刷新）
//*************************************************************
#include<reg51.h>

#define uchar unsigned char

#define dula P0      //段码信号的锁存器控制
#define wela P2      //位选信号的锁存器控制，这里只用到P2.4～P2.7

unsigned char j,k,c1,c0,m;
unsigned char code weitable[]={0x8f,0x4f,0x2f,0x1f};
                    //数码管各位的码表
unsigned char code table[]={0x3f,0x06,0x5b,0x4f,0x66,0x6d,0x7d,
                     0x07,0x7f,0x6f,0x77,0x7c,0x39,0x5e,0x79,0x71};
/************************************************************/
/*                                                          */
/* 延时函数                                                 */
/*                                                          */
/************************************************************/
void delay(unsigned char i)
{
  for(j=i;j>0;j--)
    for(k=125;k>0;k--);
}
/************************************************************/
/*                                                          */
/* 在任意一位显示任意的数字                                 */
```

```
/*                                                                          */
/***************************************************************************/
void display1(uchar wei,uchar shu)   //在任意一位显示任意的数字
{
  wei=wei-1;
  wela|=0xf0;                             //将P2.4～P2.7置1
  P0=table[shu];                          //数码管显示数
  wela=wela&weitable[wei];                //将P2需要显示的那一位置1，其他置0
  delay(5);
}
/***************************************************************************/
/*                                                                          */
/* 一次显示两个数字，且每位显示数字可自定                                         */
/*                                                                          */
/***************************************************************************/
void display(unsigned char a,unsigned char b)
{
  display1(2,a);
  display1(1,b);
}
/***************************************************************************/
/*                                                                          */
/* 主函数                                                                    */
/*                                                                          */
/***************************************************************************/
void main()
{
   TMOD=0x01;                  //模式设置
   TR0=1;                      //打开定时器
   TH0=(65536-46080)/256;      //由于晶振为11.0592，故所计次数应为46080，
计时器每隔50000微秒发起一次中断
   TL0=(65536-46080)%256;      //46080的来历为50000*11.0592/12
   ET0=1;                      //开定时器0中断
   EA=1;                       //开总中断
   while(1);
}
/***************************************************************************/
/*                                                                          */
/*  中断函数                                                                  */
/*                                                                          */
/***************************************************************************/
void time0() interrupt 1
{
   TH0=(65536-46080)/256;
   TL0=(65536-46080)%256;
   c0=6;                       //个位
     c1= 0;                    //十位
     display(c1,c0);           //显示
}
```

三、仿真与调试运行

（1）打开 Keil 软件，新建项目，选择 AT89C51 单片机作为 CPU，新建 C 程序源文件，编写程序，并将其添加到“Source Group 1”中。在“Options for Target”对话框中，选中“Output”选项卡中的“Create HEX File”选项和“Debug”选项卡中的“Use：Proteus VSM Simulator”选项。编译 C 源程序，改正程序中出现的错误。

（2）在 Keil 的菜单中选择“Debug”→“Debug/Stop Debug Session”命令，或者直接单击工具栏中的“Debug/Stop Debug Session”图标 ，进入程序仿真环境。按 F5 键，顺序运行程序，调出“Proteus ISIS”界面，观察程序运行结果，两位数码管定时器刷新仿真效果图如图 4-5 所示。如有问题，应反复调试，直到仿真成功。

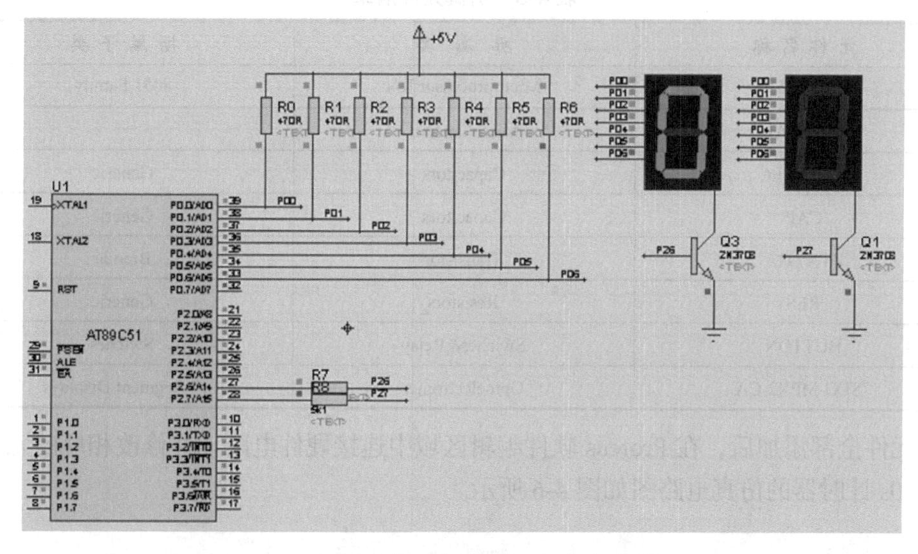

图 4-5　两位数码管定时器刷新仿真效果图

（3）将单片机芯片插入芯片座，连接好计算机和电路板，打开程序烧录软件，将由 Keil 软件生成的 HEX 文件写入单片机。

（4）单片机写入程序后，接通电源，观察系统运行状态是否符合要求，如不符合要求，应对硬件和软件进行调试。

任务三　60s 计时器的设计与制作

任务描述

本任务基于项目三中 60s 计时器的硬件电路，利用外部中断和定时器 0 来实现更准确的 1s 定时，进而实现 60s 计时。

学习目标

技能目标	使用定时器刷新方法进行计时器的精准计时编程、仿真调试。
知识目标	巩固定时器 C 语言编程方法。

一、仿真电路设计

打开 Proteus 软件编辑环境，按表 4-3 所列仿真元件清单添加元件。

表 4-3　仿真元件清单

元 件 名 称	所 属 类	所 属 子 类
AT89C51	Microprocessor ICs	8051 Family
CRYSTAL	Miscellaneous	—
CAP-ELEC	Capacitors	Generic
CAP	Capacitors	Generic
ZTX792A	Transistor	Bipolar
RES	Resistors	Generic
BUTTON	Swiches&Relay	Swiches
7SEG-MPX2-CA	Optoelectronics	7-Segment Displays

元件全部添加后，在 Proteus 软件编辑区域中连接硬件电路，并修改相应的元件参数。60s 计时器的仿真电路图如图 4-6 所示。

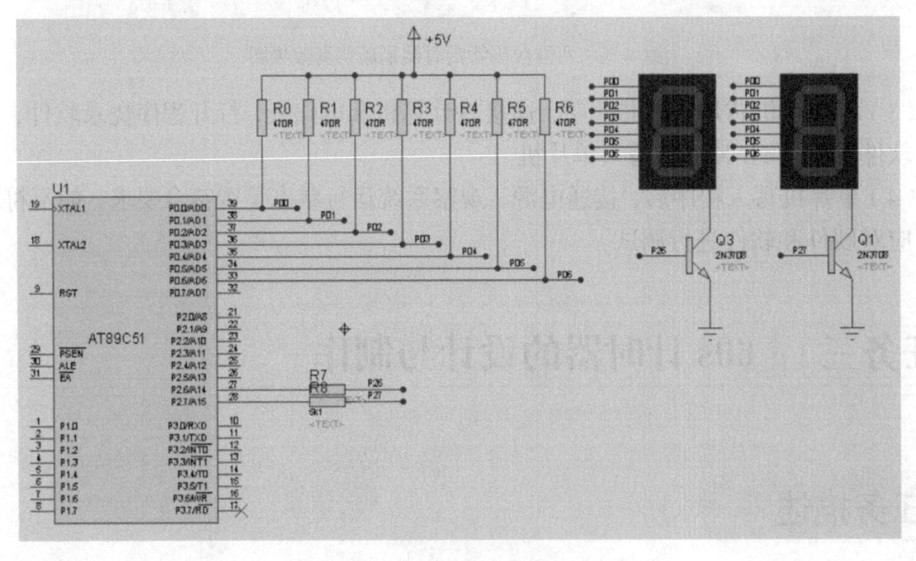

图 4-6　60s 计时器的仿真电路图

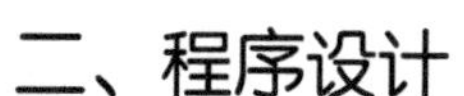

二、程序设计

```
//*****************************************************************
//60s计时器，用定时器0实现计时
//*****************************************************************
#include<reg51.h>

#define uchar unsigned char

#define dula P0       //段码信号的锁存器控制
#define wela P2       //位选信号的锁存器控制，这里只用到P2.4～P2.7

unsigned char j,k,c1,c0,m;
unsigned char pp;
unsigned char code weitable[]={0x8f,0x4f,0x2f,0x1f};
                    //数码管各位的码表
unsigned char code table[]={0x3f,0x06,0x5b,0x4f,0x66,0x6d,0x7d,
                    0x07,0x7f,0x6f,0x77,0x7c,0x39,0x5e,0x79,0x71};
/*****************************************************************/
/*                                                               */
/* 延时函数                                                      */
/*                                                               */
/*****************************************************************/
void delay(unsigned char i)
{
  for(j=i;j>0;j--)
    for(k=125;k>0;k--);
}
/*****************************************************************/
/*                                                               */
/* 在任意一位显示任意的数字                                      */
/*                                                               */
/*****************************************************************/
void display1(uchar wei,uchar shu)   //在任意一位显示任意的数字
{
   wei=wei-1;
   wela|=0xf0;                       //将P2.4～P2.7置1
   P0=table[shu];
   wela=wela&weitable[wei];          //将P2需要显示的那一位置1，其他置0
   delay(5);
}
/*****************************************************************/
/*                                                               */
/* 一次显示两个数字，且每位显示数字可自定                        */
/*                                                               */
/*****************************************************************/
void display(unsigned char a,unsigned char b)
{
   display1(2,a);
```

```
        display1(1,b);
    }
    /*************************************************************/
    /*                                                           */
    /* 主函数                                                    */
    /*                                                           */
    /*************************************************************/
    void main()
    {
        TMOD=0x01;                  //模式设置
        TR0=1;                      //打开定时器
        TH0=(65536-46080)/256;      //由于晶振为11.0592，故所计次数应为46080，
计时器每隔50000微秒发起一次中断
        TL0=(65536-46080)%256;      //46080的来历为50000*11.0592/12
        ET0=1;                      //开定时器0中断
        EA=1;                       //开总中断
        while(1)
        {
          if(pp==20)
          {   pp=0;
              m++;
                 if(m==60)
              {
                 m=0;               //若到了60s，则清零
              }
          c0=m%10;                  //去除当前描述的个位和十位
          c1=m/10;
          display(c1,c0);           //显示
        }
    }
    /*************************************************************/
    /*                                                           */
    /*中断函数                                                   */
    /*                                                           */
    /*************************************************************/
    void time0() interrupt 1
    {
        TH0=(65536-46080)/256;
        TL0=(65536-46080)%256;
        pp+;
    }
```

三、仿真与调试运行

（1）打开 Keil 软件，新建项目，选择 AT89C51 单片机作为 CPU，新建 C 程序源文件，编写程序，并将其添加到“Source Group 1”中。在“Options for Target”对话框中，选中“Output”选项卡中的“Create HEX File”选项和“Debug”选项卡中的“Use：Proteus VSM Simulator”选项。编译 C 源程序，改正程序中出现的错误。

（2）在 Keil 的菜单中选择“Debug”→“Debug/Stop Debug Session”命令，或者直接单击工具栏中的“Debug/Stop Debug Session”图标，进入程序仿真环境，按 F5 键，顺序运行程序，调出“Proteus ISIS”界面，观察程序运行结果，60s 计时器仿真效果图如图 4-7 所示。如有问题，应反复调试，直到仿真成功。

（3）将单片机芯片插入芯片座，连接好计算机和电路板，打开程序烧录软件，将由 Keil 软件生成的 HEX 文件写入单片机。

（4）单片机写入程序后，接通电源，观察系统运行状态是否符合要求。如有问题，应对硬件和软件进行调试。

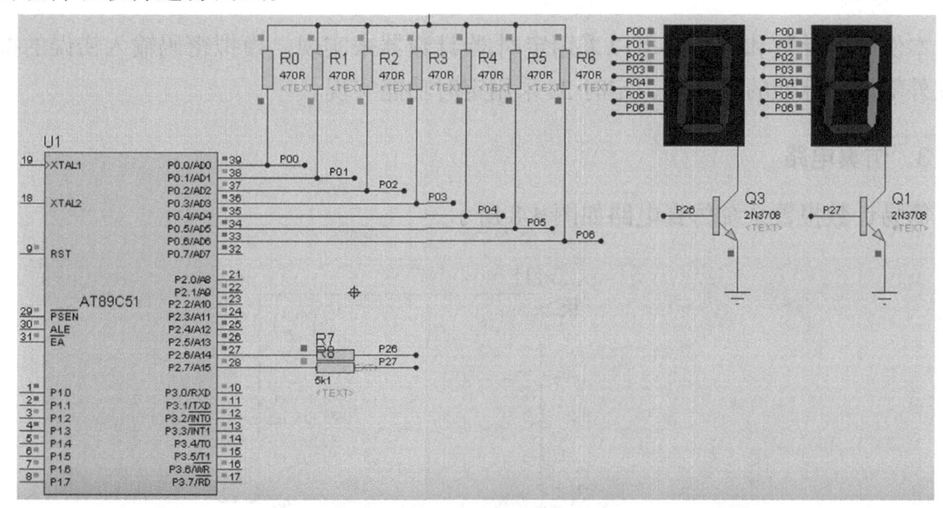

图 4-7　60s 计时器仿真效果图

任务四　简易计数报警

任务描述

本任务是模拟银行取款吞卡报警系统，用一个按键模拟密码输入错误，每按一下表示密码输入错误一次，用一个 LED 来模拟吞卡报警指示灯，当输入密码错误 5 次时，吞卡报警指示灯点亮 3s。晶振频率为 12MHz。

学习目标

技能目标	1. 根据要求设计计数报警的仿真电路。 2. 使用计数中断方法进行计数报警的编程、仿真调试。
知识目标	掌握单片机自带计数器的工作方式及控制方法。

一、仿真电路设计

1．要求

模拟银行取款吞卡报警系统，用一个按键模拟密码输入错误，按一下表示密码输入错误一次；用一个 LED 来模拟吞卡报警指示灯。系统要求：输入密码错误 5 次后，吞卡报警指示灯点亮 3s。假定晶振频率为 12MHz。

2．分析

本例中的计数和定时都可以采用定时器/计数器来实现。模拟密码输入错误的按键接在外部计数脉冲的输入端，定时 3s 采用定时功能实现。

3．仿真电路

简易计数报警系统仿真电路如图 4-8 所示。

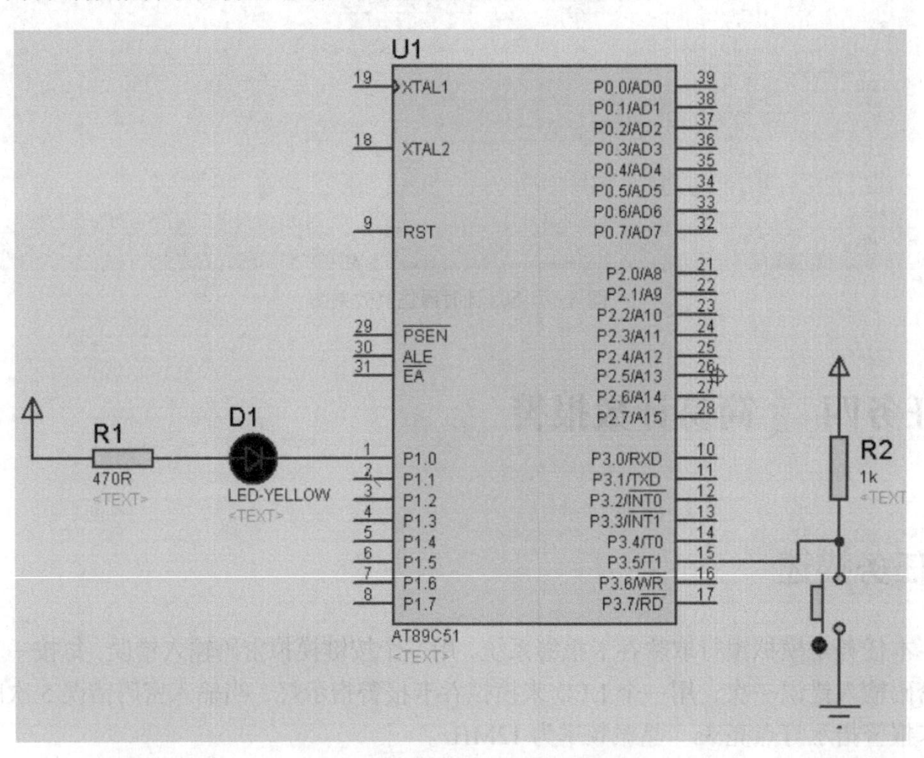

图 4-8　简易计数报警系统仿真电路

二、程序设计

```
#include<reg51.h>

#define uchar unsigned char
sbit led=P1^0;
```

```
unsigned char j;
/**********************************************************************/
/*                                                                    */
/* 延时50ms函数                                                       */
/*                                                                    */
/**********************************************************************/
void delay_50ms(uchar i)
{
  for(j=i;j>0;j--)
  {
    TH0=(65536-50000)/256;    //定时50ms
    TL0=(65536-50000)/256;
    TR0=1;  //启动T0
    while(!TF0);              //查询计数是否溢出，即定时50ms时间到，TF0=1
    TF0=0;                    //50ms定时时间到，将T0溢出标志位TF0清0
}
  }
/**********************************************************************/
/*                                                                    */
/* 主函数                                                             */
/*                                                                    */
/**********************************************************************/
void main()
{
   led=1;                 //熄灭LED
   TMOD=0x61;             //设置T0为工作方式1，定时；T1为工作方式2，计数
   TH1=256-5;             //初值缓冲器赋值，具有初值自动重载功能
   TL0=256-5;             //设置T1的计数初值，计数个数为5（5次错误）
 TR1=1;                   //启动T1，按键K每按下一次，则计数加1
   while(1)
   {
      while(!TF1);        //查询T1计数是否溢出，即TF1=1
      TF1=0;
      led=0;              //5次计数，计数溢出，点亮LED
      delay_50ms(60);     //定时3s
      led=1;              //熄灭LED
 }
}
```

三、仿真与调试运行

（1）打开 Keil 软件，新建项目，选择 AT89C51 单片机作为 CPU，新建 C 程序源文件，编写程序，并将其添加到“Source Group 1”中。在“Options for Target”对话框中，选中“Output”选项卡中的“Create HEX File”选项和“Debug”选项卡中的“Use：Proteus VSM Simulator”选项。编译 C 源程序，改正程序中出现的错误。

（2）在 Keil 的菜单中选择“Debug”→“Debug/Stop Debug Session”命令，或者直接单击工具栏中的“Debug/Stop Debug Session”图标 ，进入程序仿真环境，按 F5 键，

顺序运行程序，调出“Proteus ISIS”界面，观察程序运行结果，简易计数报警系统仿真效果图如图 4-9 所示。如有问题，应反复调试，直到仿真成功。

（3）将单片机芯片插入芯片座，连接好计算机和电路板，打开程序烧录软件，将由 Keil 软件生成的 HEX 文件写入单片机。

（4）单片机写入程序后，接通电源，观察系统运行状态是否符合要求。如有问题，应对硬件和软件进行调试。

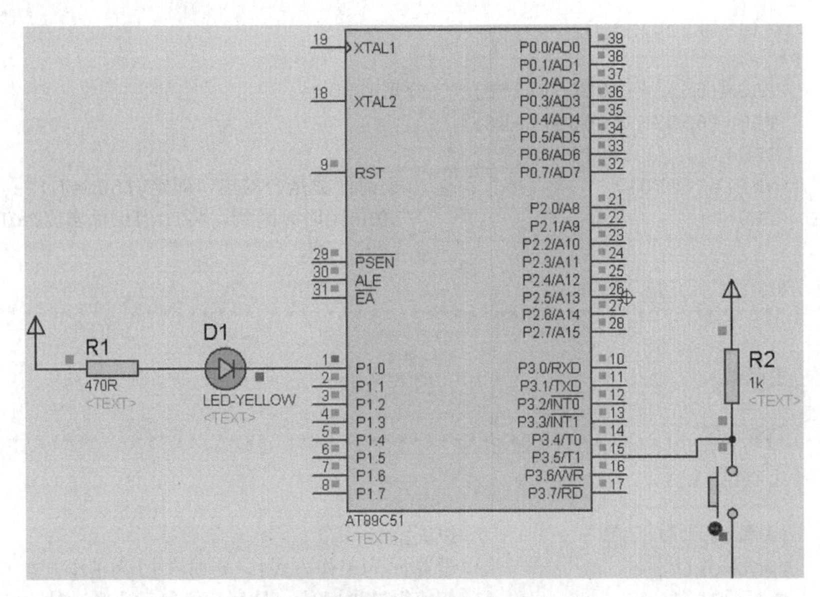

图 4-9　简易计数报警系统仿真效果图

任务五　抢答器的设计与制作

任务描述

当主持人按下开始键时，参赛选手须对主持人提出的问题在最短的时间内做出判断，并按下抢答按键回答问题。当第一个选手按下按键后，显示器上显示此参赛选手号码，同时电路将其他抢答按键封锁，使其不起作用。若有选手在主持人按下开始键之前按键，应该有违规提示。当选手开始答题时，电路具有倒计时功能，倒计时时间到时提醒主持人。如果在规定时间内没有人抢答则本题作废，系统回到初始状态。开机后数码管全部显示“——”，当按下开始键后，数码管两位显示抢答倒计时，这时若有选手按下抢答键则停止倒计时，最后一位数码管显示选手的编号，同时屏蔽其他选手的按键。若有选手在主持人未按下开始键时违规抢答，则数码管显示“FOUL——X ”，“X”为选手的编号。若在规定的抢答时间内无选手抢答，则本题作废，系统回到初始状态。

抢答时间默认为10s。抢答完毕后，必须按下复位键才能进行下一轮的抢答。

学习目标

技能目标	1．根据要求设计8人抢答器的仿真电路。 2．根据要求使用中断编程方法进行8人抢答器的编程、调试。
知识目标	1．巩固外部中断编程方法。 2．强化模块化编程思想。

一、硬件电路制作

1．元件清单

抢答器元件清单见表4-4。

表4-4　抢答器元件清单

名　称	代　号	型号/规格	数　量
单片机	U1	AT89C51	1
双向总线驱动器	U5	74LS245	1
LED数码管	—	共阳极数码管	8
晶振	X1	12MHz	1
瓷片电容	—	30pF	2
电解电容	—	22μF	1
复位电阻	—	2kΩ	1
限流电阻	R1～R8	1kΩ	9
三极管	Q1、Q2	PNP S9012	8
扬声器	—	—	1
非门	—	—	2
与非门	—	—	1
轻触开关	—	—	10
IC插座	—	40脚	1
排线插针	—	8Pin	4
PCB（或万能板）	—	—	1
焊锡与松香	—	—	若干

2．电路板制作

根据图4-10在电路板上将元件进行插装和焊接，抢答器电路板如图4-11所示。在制作过程中，须注意以下几点。

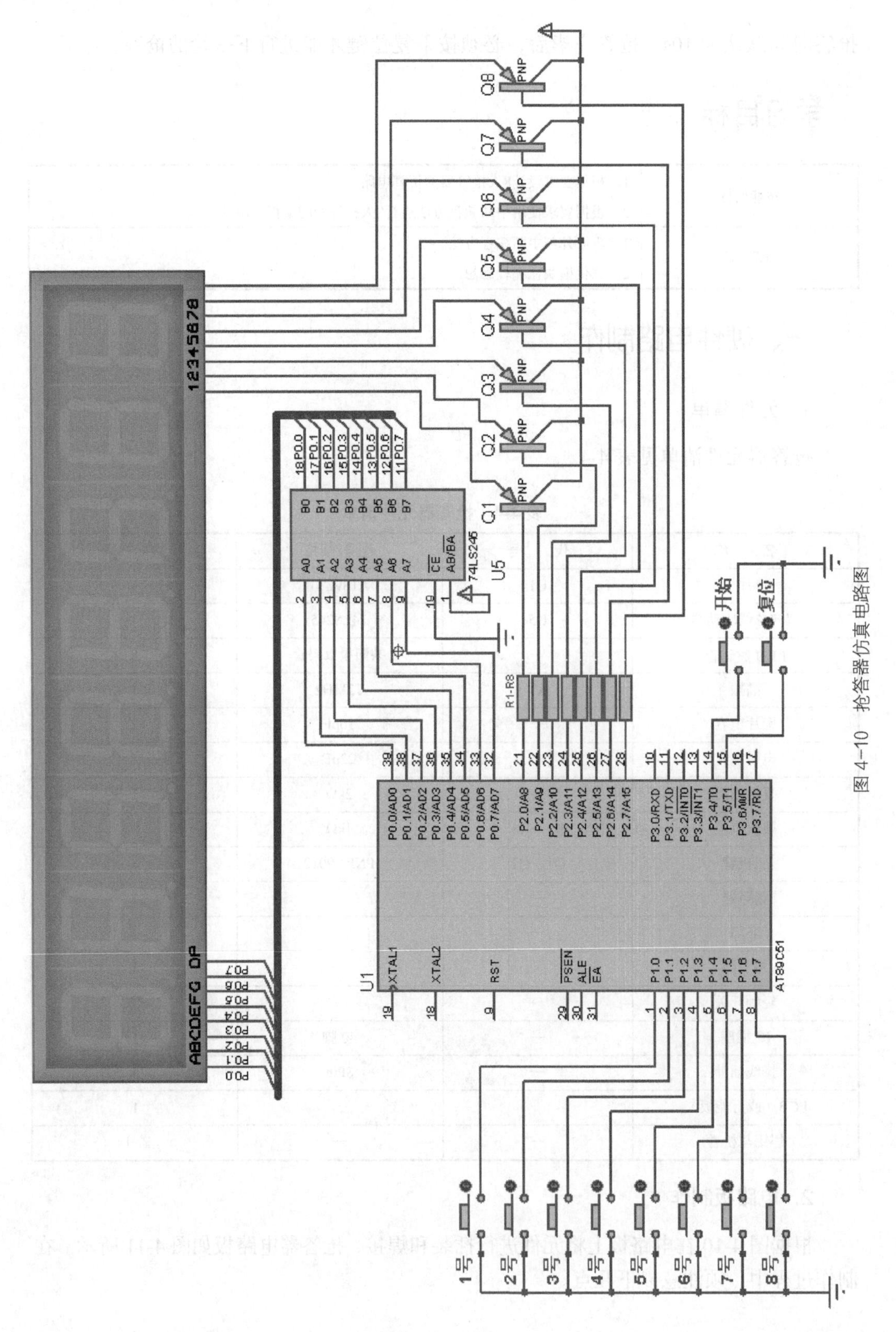

图 4-10 抢答器仿真电路图

（1）元件在 PCB 上插装和焊接的顺序是先低后高、先小后大，要求布局合理、整齐美观。

（2）有极性的元件要严格按照要求来安装，不能错装，如电解电容、发光二极管。

（3）焊点要求圆润、光亮、无毛刺、无假焊，确保机械强度足够，连接可靠。

图 4-11　抢答器电路板

3．检查电路板

通电之前，首先用万用表的电阻挡检查电源和地线间是否存在短路现象，检测 IC 插座各引脚对地电阻并记录，分析阻值是否符合电路的设计要求，是否在合理范围内，避免出现短路、开路等电路故障，发现问题需要仔细检查并排除。

通电检查，不插入芯片，检查 IC 插座的电源引脚电压是否为+5V，接地引脚电压是否为 0V。

二、仿真电路设计

打开 Proteus 软件编辑环境，按表 4-5 所列仿真元件清单添加元件。

表 4-5　仿真元件清单

元 件 名 称	所 属 类	所 属 子 类
AT89C51	Microprocessor ICs	8051 Family
BUTTON	Switches&Relays	Switches
NOT	Simulator Primitives	Gates
BUZZER	Speakers&Soundes	—
4068	CMOS 4000 series	Gates&Inverters
7SEG-MPX8-CA-BLUE	Optoelectronics	7-Segment Displays

元件全部添加后，在 Proteus 软件编辑区域中连接仿真电路，并修改相应的元件参数。抢答器仿真电路如图 4-12 所示。

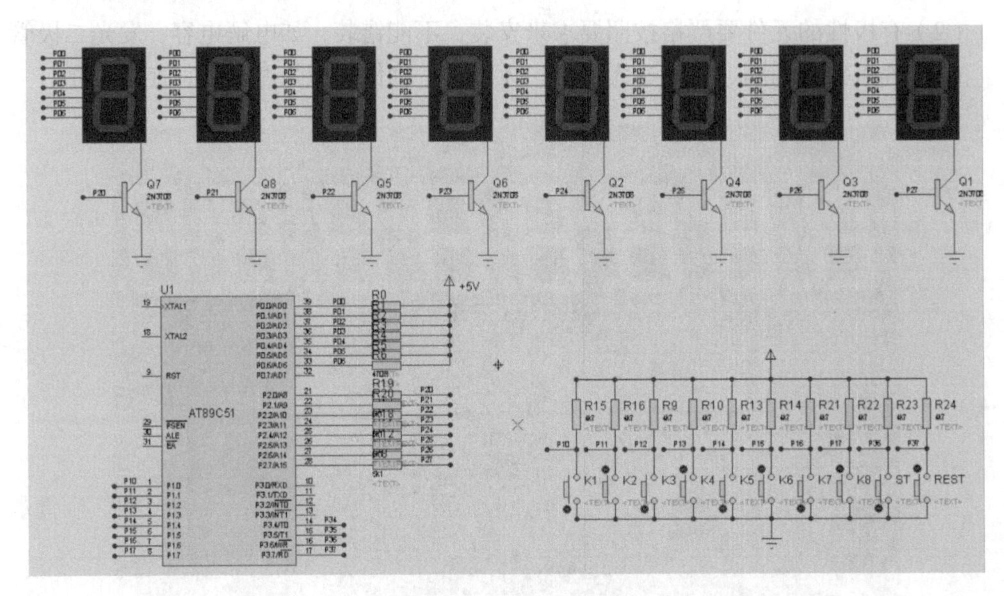

图 4-12 抢答器仿真电路

三、程序设计

```
//***********************************************************************
//抢答器
//***********************************************************************
#include<reg51.h>

#define uchar unsigned char

#define dula P0            //段码信号的锁存器控制
#define wela P2            //位选信号的锁存器控制，这里只用到P2.4～P2.7
sbit k1 =P1^0;             //定义按键1端口
sbit k2 =P1^1;             //定义按键2端口
sbit k3 =P1^2;             //定义按键3端口
sbit k4 =P1^3;             //定义按键4端口
sbit k5 =P1^4;             //定义按键5端口
sbit k6 =P1^5;             //定义按键6端口
sbit k7 =P1^6;             //定义按键7端口
sbit k8 =P1^7;             //定义按键8端口
sbit start=P3^6;           //定义开始按键
sbit restart=P3^7;         //定义复位按键
uchar key,j,k,daojishi=10,wei;
bit begin,end,clear,fangui;
uchar a0,b0,c0,d0,e0,f0,g0,h0;
unsigned int pp;
unsigned char code weitable[]={0x80,0x40,0x20,0x10,0x08,0x04,0x02,
```

```
0x01};
                                          //数码管各位的码表
      unsigned char code table[]={0x3f,0x06,0x5b,0x4f,0x66,0x6d,0x7d,0x07,
0x7f,0x6f,
                                0x77,0x7c,0x39,0x5e,0x79,0x71,0x3f,0x3e,0x38,
0x40,0x00};
      /*************************************************************/
      /*                                                           */
      /* 延时函数                                                   */
      /*                                                           */
      /*************************************************************/
      void delay(unsigned char i)
      {
        for(j=i;j>0;j--)
          for(k=125;k>0;k--);
      }
      /*************************************************************/
      /*                                                           */
      /* 在任意一位显示任意数字                                     */
      /*                                                           */
      /*************************************************************/
      void display1(uchar wei,uchar shu)   //在任意一位显示任意的数字
      {
         wei=wei-1;
         wela|=0xff;                       //将P2.4～P2.7置1
         P0=table[shu];
         wela=wela&weitable[wei];          //将P2需要显示的那一位置1，其他置0
         delay(5);
      }
      /*************************************************************/
      /*                                                           */
      /* 一次显示8个数字，且每位显示数字可自定                       */
      /*                                                           */
      /*************************************************************/
      void display(uchar a,uchar b,uchar c,uchar d,uchar e,uchar f,uchar
g,uchar h)
      {
         display1(1,a);
         display1(2,b);
         display1(3,c);
         display1(4,d);
         display1(5,e);
         display1(6,f);
         display1(7,g);
         display1(8,h);
      }
      /*************************************************************/
      /*                                                           */
      /* 键盘扫描函数                                               */
      /*                                                           */
```

```
/***********************************************************************/
void keyscan()                    //按键扫描
{
    if(k1==0)
    {
      while(k1==0);
      key= 1;
    }
    if(k2==0)
    {
      while(k2==0);
      key=2;
    }
    if(k3==0)
    {
      while(k3==0);
      key= 3;
    }
    if(k4==0)
    {
      while(k4==0);
      key=4;
    }
    if(k5==0)
    {
      while(k5==0);
      key= 5;
    }
    if(k6==0)
    {
      while(k6==0);
      key=6;
    }
    if(k7==0)
    {
      while(k7==0);
      key= 7;
    }
    if(k8==0)
    {
      while(k8==0);
      key=8;
    }
    if(start==0)
    {
      while(start==0);
      begin =1;
    }
    if(restart==0)
    {
```

```
        while(restart==0);
        clear = 1;
      }
  }
  /***************************************************************/
  /*                                                             */
  /* 主函数                                                      */
  /*                                                             */
  /***************************************************************/
  void main()
  {
   TMOD=0x01;

   TH0=(65536-46080)/256;//由于晶振为11.0592，故所计次数应为46080，计时器每
隔5000μs发起一次中断
   TL0=(65536-46080)%256;//46080的来历为50000*11.0592/12
   ET0=1;
   EA=1;
  //赋初值
   begin=0;
   key=0;
   end = 0;
   fangui = 0;

   while(1)
   {
       keyscan();                          //按键扫描

       if(begin)                           //按下开始按键
       {
               if(!end)                    //计时未停止
               TR0=1;                      //开始计时
               if(pp==20)                  //定时1s
               {
                   pp=0;
                   daojishi--;             //倒计时
               }
               if(key!=0&&end==0&&daojishi!=0)//有按键按下，且计时未停止
               {
                   a0=key;                 //第一位数码管显示几号按键按下，即谁抢答
                   end = 1;
                   daojishi = 0;           //停止计时，显示为0
               }
               if(!daojishi)               //时间到，没人按下按键
               {
                   TR0=0;                  //关闭定时
                   pp=0;
               }
               h0=daojishi/10;             //显示时间的十位
               g0=daojishi%10;             //显示时间的个位
```

```
        }
        else                                //未按下开始键
        {
            a0=b0=c0=d0=e0=f0=g0=h0=19;            //所有数码管显示——
            if(key!=0)                      //有按键按下，犯规
            {
                a0=key;                     //第一位数码管显示几号按键按下
                b0=19;                      //显示——
                c0=19;                      //显示——
                d0=19;                      //显示——
                e0=18;                      //显示L
                f0=17;                      //显示U
                g0=16;                      //显示O
                h0=15;                      //显示F
            }
        }
        if(clear)                           //按下复位键
        {
            //复位
key=0;begin=0;fangui=0;daojishi=10;clear=0;
            pp=0;end = 0;a0=b0=c0=d0=e0=f0=g0=h0=19;
        }
        display(a0,b0,c0,d0,e0,f0,g0,h0);          //数码管显示
    }
}
/**********************************************************************/
/*                                                                    */
/* 中断函数                                                           */
/*                                                                    */
/**********************************************************************/
void time0() interrupt 1
{ TH0=(65536-46080)/256;
  TL0=(65536-46080)%256;
  pp++;
}
```

四、仿真与调试运行

（1）打开 Keil 软件，新建项目，选择 AT89C51 单片机作为 CPU，新建 C 程序源文件，编写程序，并将其添加到“Source Group 1”中。在“Options for Target”对话框中，选中“Output”选项卡中的“Create HEX File”选项和“Debug”选项卡中的“Use：Proteus VSM Simulator”选项。编译 C 源程序，改正程序中出现的错误。

（2）在 Keil 的菜单中选择“Debug”→“Debug/Stop Debug Session”命令，或者直接单击工具栏中的“Debug/Stop Debug Session”图标，进入程序仿真环境。按 F5 键，顺序运行程序，调出“Proteus ISIS”界面，观察程序运行结果，抢答器仿真效果图如图 4-13 所示。如有问题，应反复调试，直到仿真成功。

（3）将单片机芯片插入芯片座，连接好计算机和电路板，打开程序烧录软件，将由 Keil 软件生成的 HEX 文件写入芯片。

（4）单片机写入程序后，接通电源，观察系统运行状态是否符合要求，如不符合要求，应对硬件和软件进行调试。

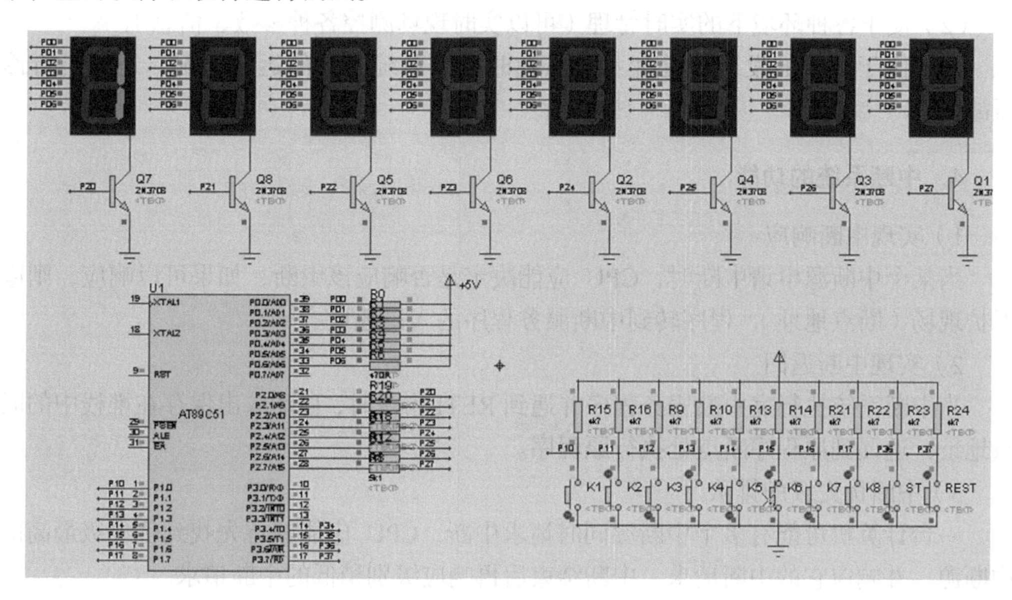

图 4-13　抢答器仿真效果图

知识准备

知识点一　中断的概念与功能

MCS-51 单片机中有 5 个中断源，其中有 2 个外部中断源、2 个定时器/计数器、1 个串行接口 UART。

1. 中断的定义

（1）中断：计算机在执行程序的过程中，由于系统内外的某种原因使其暂时中止原程序的执行，转而为突发事件服务，在处理完成后再返回原程序继续执行，这个过程叫中断。

（2）中断系统：能实现中断功能的系统。

（3）中断源：申请中断请求的来源。

（4）断点：中断处的地址。

2. 引起中断的原因

即中断源来自何处。一般有：外部 I/O 设备（如打印机）、定时时钟、系统故障（如掉电）、程序执行错误（如除数为 0）、多机通信等。

3．为什么采用中断控制

（1）提高工作效率。

（2）便于各种环境下的实时管理（可以实时现场测控各种参数、信息）。

（3）便于故障的发现和处理（可以随时监测系统内部的运行情况，还可自行诊断故障）。

4．中断系统的功能

1）实现中断响应

当某个中断源申请中断时，CPU 应能决定是否响应该中断，如果可以响应，则应保护现场（断点地址），程序转到中断服务程序的入口地址。

2）实现中断返回

当中断系统执行完中断服务程序并遇到 RETI 指令时，自动取出保存在堆栈中的断点地址，返回到原程序断点处执行原程序。

3）中断优先级的排队

一台计算机可能有多个中断源同时请求中断，CPU 应能够首先找到优先级最高的中断源，并响应它的中断请求。中断结束后再响应级别稍低的中断请求。

4）实现中断嵌套

中断嵌套是指计算机在响应并执行某一中断源的中断请求并为其服务时，再去响应更高级别的中断源的中断请求，而暂时中止原中断服务程序的执行。等处理完更高级别中断服务程序后，再接着为本中断源服务。

中断处理过程如图 4-14 所示。

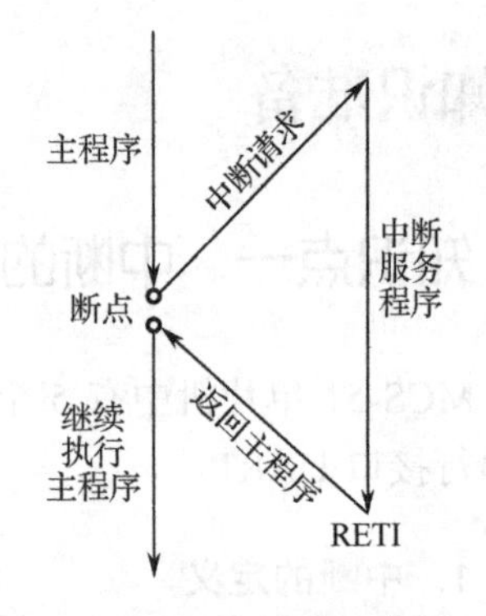

图 4-14　中断处理过程

知识点二　中断系统

1．中断系统的内部结构

图 4-15 是中断系统的内部结构图，图中给出了中断源、中断控制、中断允许及中断优先级之间的关系。MCS-51 单片机有 5 个中断源，其中有 2 个外部中断源，它们分别从 $\overline{\text{INT0}}$（P3.2）和 $\overline{\text{INT1}}$（P3.3）引脚输入，可选择低电平或下降沿有效；2 个内部中断源是定时器/计数器 T0 和 T1 的溢出中断；串行接口发送和接收共用 1 个中断源。

5 个中断源的中断入口地址见表 4-6。

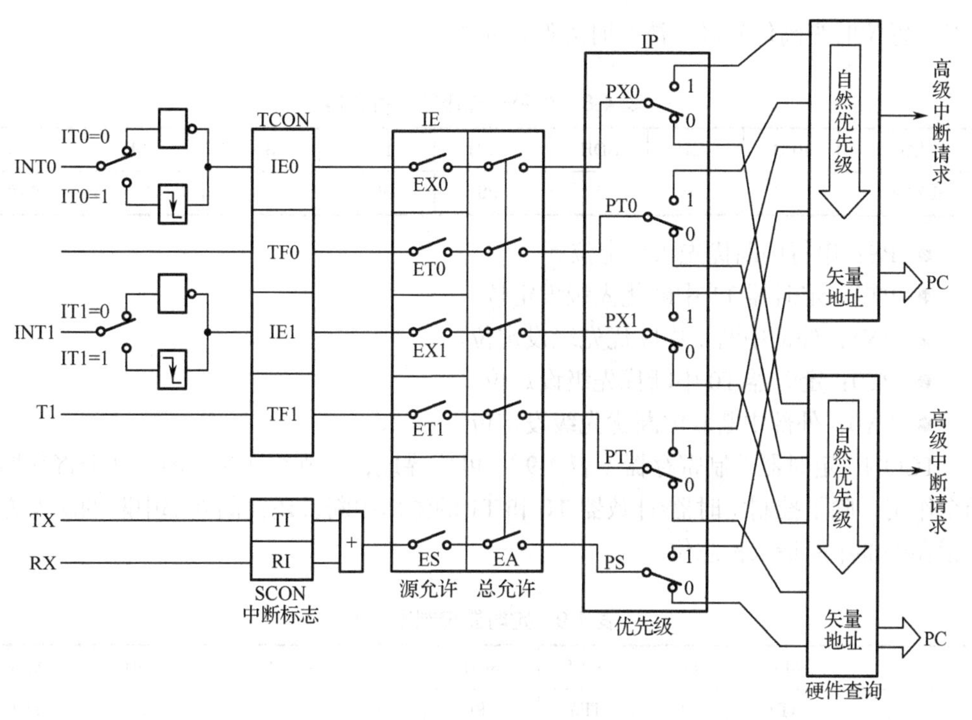

图 4-15 中断系统的内部结构图

表 4-6 5 个中断源的中断入口地址

中断源	外部中断 0	定时器/计数器 T0	外部中断 1	定时器/计数器 T1	串行口中断
中断入口地址	0003H	000BH	0013H	001BH	0023H

2. 中断系统的有关控制寄存器

IE：中断允许寄存器（表 4-7），可位寻址，字节地址为 A8H，用于中断的开放和禁止。

表 4-7 中断允许寄存器

位地址	AFH	—	—	ACH	ABH	AAH	A9H	A8H
位定义	EA	—	—	ES	ET1	EX1	ET0	EX0

- EA：CPU 中断允许总控制位。EA=0，CPU 禁止所有中断请求；EA=1，CPU 允许中断，但各中断源是否允许，还要各自的允许位确定。
- ES：串行口中断允许位。ES=1，允许串行口中断；ES=0，禁止串行口中断。
- ET1：T1 的溢出中断允许位。ET1=1，允许 T1 中断；ET1=0，禁止 T1 中断。
- EX1：外部中断 1 的中断允许位。EX1=1，允许外部中断 1 中断；EX1=0，禁止外部中断 1 中断。
- ET0：T0 的溢出中断允许位。ET0=1，允许 T0 中断；ET0=0，禁止 T0 中断。
- EX0：外部中断 0 的中断允许位。EX0=1，允许外部中断 0 中断；EX0=0，禁止外部中断 0 中断。

IP：中断优先级管理寄存器（表 4-8），可位寻址，字节地址为 B8H，用来设定优先级，置位时为高优先级，清 0 时为低优先级。

表 4-8　中断优先级管理寄存器

位地址	BFH	BEH	BDH	BCH	BBH	BAH	B9H	B8H
位定义	—	—	—	PS	PT1	PX1	PT0	PX0

- PS：串行中断优先级设定位。
- PT1：定时器 T1 中断优先级设定位。
- PX1：外部中断 1 中断优先级设定位。
- PT0：定时器 T0 中断优先级设定位。
- PX0：外部中断 0 中断优先级设定位。

TCON：定时器控制寄存器（表 4-9），可位寻址，字节地址为 88H，这个寄存器有两个作用，除了控制定时器/计数器 T0 和 T1 的溢出中断，还控制外部中断的触发方式和锁存外部中断请求标志位。

表 4-9　定时器控制寄存器

位地址	8FH	8EH	8DH	8CH	8BH	8AH	89H	88H
位定义	TF1	TR1	TF0	TR0	IE1	IT1	IE0	IT0

- IT0：选择外部中断 0 的中断触发方式。0 为电平触发方式，低电平有效；1 为下降沿触发方式，下降沿有效。
- IT1：选择外部中断 1 的中断触发方式。0 为电平触发方式，低电平有效；1 为下降沿触发方式，下降沿有效。
- IE0：外部中断 0 的中断请求标志。当 INT0 输入端口有中断时，IE0=1，由硬件置位。
- IE1：外部中断 1 的中断请求标志。功能与 IE0 类似。
- TF0：片内定时器/计数器 0 溢出中断请求标志。定时器/计数器的核心为加法计数器，当定时器/计数器 T0 发生定时或计数溢出时，由硬件置位 TF0 或 TF1，向 CPU 申请中断，CPU 响应中断后，会自动将 TF0 或 TF1 清 0。
- TF1：片内定时器/计数器 1 溢出中断请求标志。功能与 TF0 类同。

SCON：串行口控制寄存器（表 4-10），可位寻址，字节地址为 98H。

表 4-10　串行口控制寄存器

位地址	9FH	9EH	9DH	9CH	9BH	9AH	99H	98H
位定义	SM0	SM1	SM2	REN	TB8	RB8	TI	RI

- TI：串行口发送中断请求标志位。CPU 将一个数据写入发送缓冲器 SBUF 时，就启动发送，每发送完一帧串行数据后，硬件置位 TI。但 CPU 响应中断时，并不清除 TI 中断标志，必须在中断服务程序中由软件对 TI 清 0。
- RI：串行口接收中断请求标志位。在串行口允许接收时，每接收完一帧数据，

由硬件自动将 RI 置 1。CPU 响应中断时，并不清除 RI 中断标志，也必须在中断服务程序中由软件对 TI 清 0。

3. 中断响应的条件

单片机响应中断的条件为中断源有请求且 CPU 开中断，即 EA=1，并须满足以下几个条件。

（1）无同级或高级中断正在处理。

（2）现行指令执行到最后 1 个机器周期且已结束。

（3）当现行指令为 RETI 或访问特殊功能寄存器 IE、IP 的指令时，执行完该指令且紧随其后的另一条指令也已执行完毕。

CPU 响应中断后，由硬件自动执行如下操作。

（1）根据中断请求源的优先级高低，将相应的优先级状态触发器置 1，以标明中断的优先级。

（2）保护断点，即把程序计数器（PC）的内容压入堆栈保存。

（3）清除相应的中断请求标志位（RI、TI 除外）。

（4）把被响应的中断源所对应的中断服务程序入口地址（中断矢量）送入 PC，从而转入相应的中断服务程序。

知识点三　中断编程

1. 中断服务程序设计的基本任务

（1）设置中断允许控制寄存器（IE），允许相应的中断源请求中断。

（2）设置中断优先级寄存器（IP），确定并分配所使用的中断源的优先级。

（3）若是外部中断源，还要设置中断请求的触发方式（IT1 或 IT0），以决定采用电平触发方式还是边沿触发方式。

（4）编写中断服务程序，处理中断请求。

2. 中断服务程序的流程

（1）现场保护和现场恢复。

（2）开中断和关中断。

（3）中断处理。

（4）中断返回。

知识点四　定时器/计数器的结构与功能

1. 定时器/计数器的基本组成

MCS-51 单片机内有两个 16 位可编程的定时器/计数器，即定时器 0（T0）和定时器 1（T1）。两个定时器/计数器都有定时或事件计数的功能，可用于定时控制、延时、对外部事件计数和检测等应用。

定时器/计数器可分为四部分：计数器部分、计数输入部分、计数溢出管理部分和控制逻辑部分。图 4-16 中的 i（i=0,1）代表 T0 或 T1 的参数标记。由 THi 和 TLi 组成加一计数器，在不同的方式下其组成结构不同。计数输入部分由 $C/\overline{T}$ 进行选择，$C/\overline{T}$=0 时，对振荡器 fosc 的 12 分频脉冲计数，实现定时功能；$C/\overline{T}$=1 时，对外部引脚 Ti 输入的脉冲进行计数，实现计数功能。控制逻辑部分控制计数器的启动或停止，由图可看出门控位 GATE 决定外部引脚 $\overline{INTi}$ 是否起作用。计数溢出管理部分在计数器溢出时将溢出中断请求标志置位，并请求中断，中断响应后 TFi 自动清零。

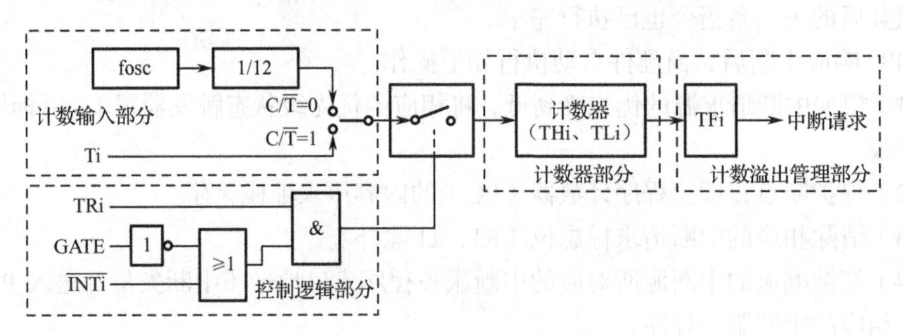

图 4-16　定时器/计数器基本组成

2．定时器/计数器相关寄存器

TCON：定时器/计数器控制寄存器。上面已经介绍了部分位的功能，剩下的 TR0 和 TR1 用于控制计数器的启停，TRi=0 时，计数器停止；TRi=1 时，计数器启动。

TMOD：工作方式控制寄存器（表 4-11）。不可位寻址，字节地址为 89H。用于设置定时器/计数器的工作方式和控制模式。低 4 位用于 T0 的设定，高 4 位用于 T1 的设定。

表 4-11　工作方式控制寄存器

功能	GATE	$C/\overline{T}$	M1	M0	GATE	$C/\overline{T}$	M1	M0

M1、M0：定时器/计数器工作方式选择位，用于设定定时器的 4 种工作方式。

$C/\overline{T}$：计数或定时选择位。$C/\overline{T}$=0 时为定时功能，$C/\overline{T}$=1 时为计数功能。

GATE：门控位。当 GATE=0 时，TRi=1 即可启动定时器工作；当 GATE=1 时，要求同时有 TRi=1 和 $\overline{INTi}$=1 才可启动定时器工作。

知识点五　定时器/计数器的工作方式及控制方法

1．定时器/计数器的工作方式

定时器/计数器的工作方式由 TMOD 中的 M1、M0 设置，见表 4-12。

表 4-12 定时器/计数器的 4 种工作方式

M1 M0	方 式	功 能 说 明
0 0	0	由 THi 的 8 位和 TLi 的低 5 位组成 13 位定时器/计数器
0 1	1	由 THi 的 8 位和 TLi 的 8 位组成 16 位定时器/计数器
1 0	2	8 位自动重装方式
1 1	3	用于把 T0 分成两个 8 位定时器/计数器，T1 没有方式 3

1）方式 0

当 TMOD 中 M1M0=00 时，选定方式 0 进行工作，由 THi 的 8 位和 TLi 的低 5 位组成 13 位定时器/计数器，TLi 的高 3 位与此无关。计数器的最大计数值为 2^{13}=8192，这种方式是为了向下兼容 MCS-48 单片机而设置的，计数初值设置不直观。

定时初值= $2^{13}-\dfrac{fosc\times t}{12}$ （t 为定时时间）

计数初值= $2^{13}-M$ （M 为计数值）

2）方式 1

当 TMOD 中 M1M0=01 时，选定方式 1 进行工作，由 THi 的 8 位和 TLi 的 8 位组成 16 位定时器/计数器，计数器的最大计数值为 2^{16}=65536。与方式 0 的区别在于方式 1 为 16 位。

定时初值= $2^{16}-\dfrac{fosc\times t}{12}$ （t 为定时时间）

计数初值= $2^{16}-M$ （M 为计数值）

3）方式 2

当 TMOD 中 M1M0=10 时，选定方式 2 进行工作。方式 2 为自动重装初值的 8 位定时器/计数器，THi 为 8 位计数初值寄存器，当 8 位计数器 TLi 计数溢出后，会自动启动 THi 重新向 TLi 装入计数初值。

定时初值= $2^{8}-\dfrac{fosc\times t}{12}$ （t 为定时时间）

计数初值= $2^{8}-M$ （M 为计数值）

4）方式 3

当 TMOD 中 M1M0=11 时，选定方式 3 进行工作。方式 3 是一个特殊的工作方式，用于把 T0 分成两个 8 位定时器/计数器，T1 没有方式 3。T0 工作在方式 3 时占用了 T1 的 TR1 和 TF1 中断资源，这时 T1 只能用于不需要中断控制的场合，如波特率发生器等。如图 4-17 所示，T0 工作在方式 3 时，TL0 构成了一个完整的 8 位定时器/计数器，而 TH0 只能用于定时。

2. 控制方法

定时器/计数器可使用查询方式或中断方式编程，在使用前要进行初始化设置，一般情况下应包括：设置计数器初值、TMOD 设定、将初值装入 THi 和 TLi、启动。如果工作于中断方式，还需要开中断。

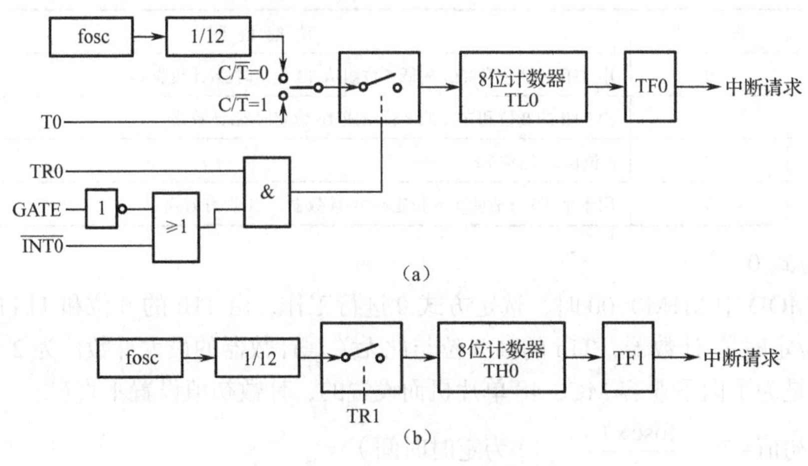

图 4-17　T0 工作方式 3 的结构

知识点六　定时器/计数器的 C 语言编程

定时器/计数器是单片机应用的核心内容，灵活应用定时器/计数器可提高程序的执行效率，简化外围电路。下面通过实例来介绍 C51 定时器/计数器的编程技巧。

例 1　采用定时器 0 的工作方式 1，在 P1.0 端口输出周期为 2ms 的方波，已知单片机的晶振频率 fosc=12MHz。

分析：要产生周期为 2ms 的方波，只要使 P1.0 端口每隔 1ms 取反一次即可。单片机的晶振频率 fosc=12MHz，则一个机器周期为 12/fosc=1μs，要定时 1ms，定时器设置初值为：

```
TH0= (65535-1000) /256 ;            //定时器T0高8位赋初值，定时时间为1ms
TL0= (65535-1000) %256  ;           //定时器T0低8位赋初值
```

定时器的应用分为查询方式与中断方式，查询方式是主程序一直在循环“查询”，等待定时器中断，不需要准备中断服务子程序。中断方式则是主程序专注于当前正在处理的任务，等到定时器中断时才执行中断服务子程序，因而需要编写中断服务子程序。下面分别介绍这两种编程方式。

（1）查询方式。

```
# include <reg51.h>                 //调用C语言头文件
sbit P10=P1^0 ;
//*********************************************************************
//主函数
//*********************************************************************
void main(void)
   { TH0= (65535-1000) /256 ;       //赋初值，定时时间为1ms
TL0= (65535-1000) %256  ;
TMOD=0x01 ;                         //T0工作方式1
 TR0=1   ;                          //启动 T0
```

```
while (!TF0) ;                          //主程序一直查询定时时间到否，为1时退出
P10=!P1_0;                              //取反输出
  TF0=0;                                //溢位后清除TF0，重新启用定时器
TH0= (65535-1000) /256 ;                //赋初值，定时时间1ms
TL0= (65535-1000) %256  ;

            }
    }
```

（2）中断方式。

```
# include <reg51.h>                     //调用C语言头文件
sbit P10=P1^0 ;
//*************************************************************
//主函数
//*************************************************************
void main(void)
  {
TH0= (65535-1000) /256 ;                //赋初值，定时时间为1ms
TL0= (65535-1000) %256  ;
TMOD=0x01 ;                             //T0工作方式1
 EA=1;                                  //开启总中断
      ET0= 1;                           //允许使用定时器中断0
      TR0=1;                            //启动T0
      while(1);                         //无限循环
    }
//*************************************************************
//定时器0中断服务函数
//*************************************************************
void  time_0  (void)interrupt 1using 1
{ P10=!P10;                             //P1.0取反
TH0= (65535-1000) /256 ;                //赋初值，定时时间为1ms
TL0= (65535-1000) %256  ;
```

例 2 采用定时器 0 的工作方式 1，在 P1.0 端口输出周期为 1s 的方波，已知单片机的晶振频率 fosc=12MHz。

分析：要产生周期为 1s 的方波，只要使 P1.0 端口每隔 500ms 取反一次即可。

```
# include  <reg51.h>                    //调用C语言头文件
unsigned char  count;                   //计算中断次数
sbit  P10=P1^0;
//*************************************************************
//主函数
//*************************************************************
void  main()
  {
TH0= (65535-1000) /256 ;                //赋初值，定时时间为1ms
TL0= (65535-1000) %256  ;
TMOD=0x01 ;                             //T0工作方式1
EA=1;                                   //开启总中断
      ET0= 1;                           //允许使用定时器中断0
```

```
        TR0=1;                        //启动T0
        while(1);                     //无限循环
      }
    //***********************************************************
    //定时器0中断服务函数
    //***********************************************************
    void  time_0  ()interrupt 1
    {
         count++;                     //每来一次中断，中断次数加1
       if(count==20)                  //当中断次数达到20时，计时时间为1s
       {
     count=0;                         //中断次数清0，重新开始计数
      P10=~P10;                       //取反输出
       }
    TH0= （65535-1000）/256 ;          //赋初值，定时时间为50ms
    TL0=（65535-1000）%256  ;
    }
```

温馨提示：利用定时器/计数器编写程序，采用查询方式的程序比较简单，但在定时器整个计数过程中，CPU 要不断查询溢出定时器标志位的状态，这就占用了 CPU 的工作时间，工作效率不高。

项目五

数字式电压表的设计与制作——A/D 转换

项目情境

在自动控制系统设计、调试和电子实验中，经常会测量各种电压，指针式电压表虽然也可以测量电压，但数字式电压表（图 5-1）读数更方便，测量更准确。目前，市场上出现的数字式电压表多采用微处理器作为控制单元，形成了使用方便、精度高的数字化仪表。本项目将通过完成“数字式电压表的设计与制作”来学习 A/D 转换的相关知识。

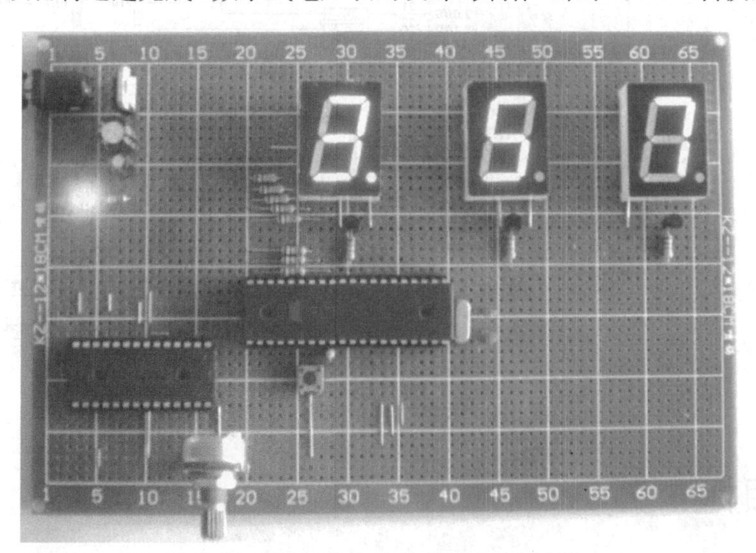

图 5-1　数字式电压表

项目分析

如何利用单片机检测电压呢？单片机输入的是数字量，而电压是模拟量，如果需要单片机处理模拟量，就要把模拟量转换为数字量。本项目将通过模数转换典型芯片

ADC0808 来介绍相关知识，为此将本项目分解为以下 3 个任务。

任务一 硬件电路制作

任务描述

焊接硬件电路，数字式电压表硬件电路图如图 5-2 所示。

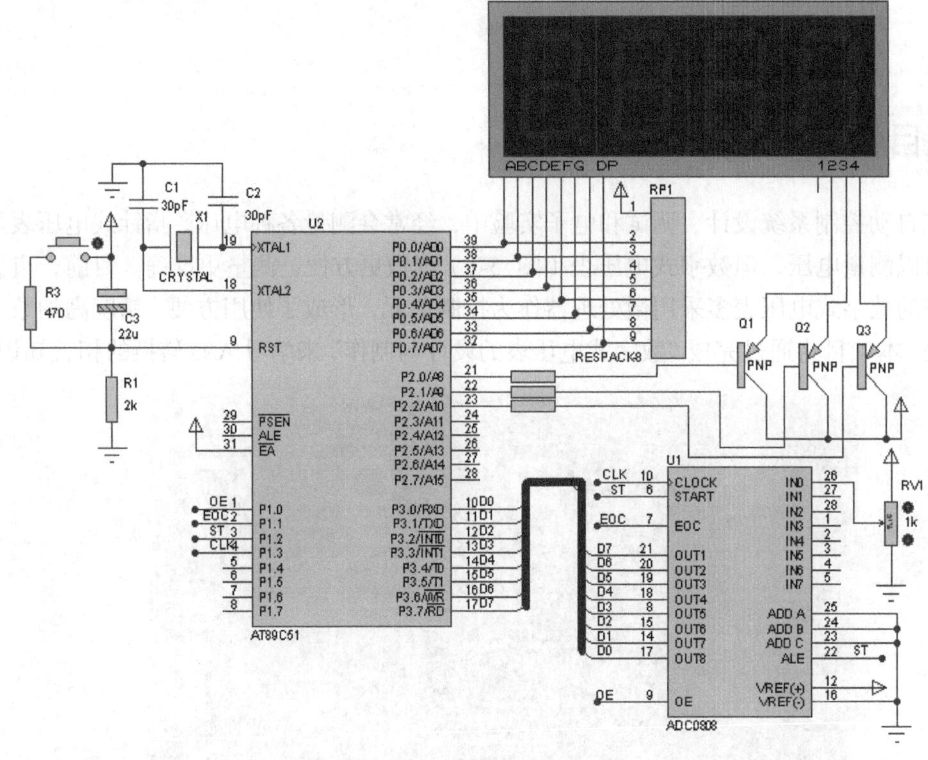

图 5-2 数字式电压表硬件电路图

学习目标

技能目标	能够按照电路图正确制作电路板。
知识目标	1. 掌握模数转换芯片 ADC0808 的工作原理。 2. 能够根据要求进行电路的设计。

一、元件清单

数字式电压表硬件电路元件清单见表 5-1。

表 5-1 数字式电压表硬件电路元件清单

名 称	代 号	型号/规格	数 量
单片机	U2	AT89C51	1
模数转换器	U1	ADC0808	1
LED 数码管	—	共阳极数码管	4
晶体管	Q1～Q3	PNP	3
晶振	X1	12MHz	1
瓷片电容	C1、C2	30pF	2
电解电容	C3	22mF	1
复位电阻	R1	2kΩ	1
限流电阻	R3	470Ω	1
滑动变阻器	RV1	1kΩ	1
限流电阻	—	1kΩ	3
上拉电阻	RP1	1kΩ	8
轻触开关	—	—	1
IC 插座	—	40 脚	1
排线插针	—	8Pin	4
PCB（或万能板）	—	—	1
焊锡与松香	—	—	若干

二、电路板制作

根据图 5-2 在电路板上将元件进行插装和焊接，电路板实物如图 5-3 所示，在制作过程中，须注意以下几点。

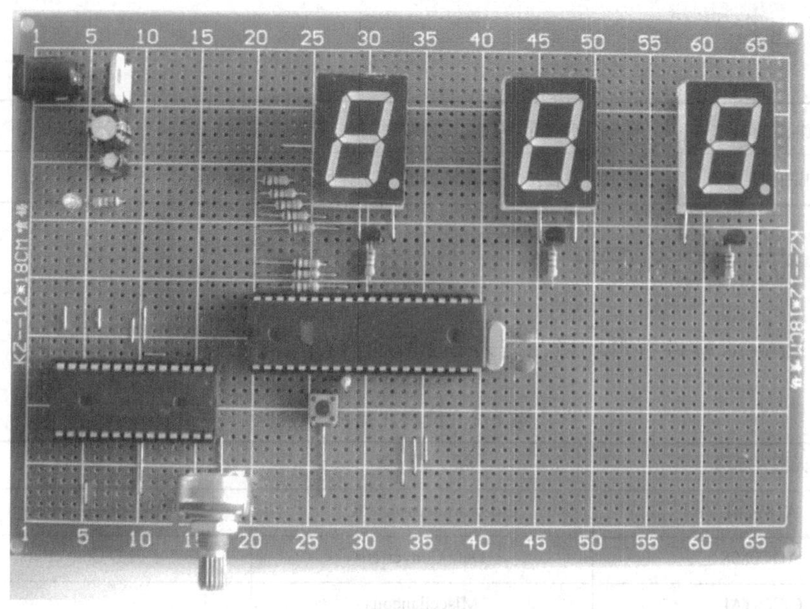

图 5-3 电路板实物

（1）元件在 PCB 上插装和焊接的顺序是先低后高、先小后大，要求分布均匀、整齐美观。

（2）有极性的元件要严格按照要求来安装，不能错装，如电解电容、发光二极管。

（3）焊点要求圆滑、光亮、无毛刺、无假焊、无虚焊，确保机械强度足够，连接可靠。

三、电路板检查

通电之前，首先用万用表的电阻挡检查电源和地线间是否存在短路现象，检测 IC 插座各引脚对地电阻并记录，分析阻值是否符合电路的设计要求，是否在合理范围内，避免出现短路、开路等电路故障，发现问题需要仔细检查并排除。

通电检查，不插入芯片，检查 IC 插座的电源引脚电压是否为+5V，接地引脚电压是否为 0V。

任务二 数字式电压表的设计与制作

任务描述

编写程序，将电位器输出的 0 ~ 5V 电压经过芯片 ADC0808 转换成数字信号，送入单片机以十进制形式显示。显示电路由 P0 驱动。

学习目标

技能目标	根据要求进行数字式电压表的编程、仿真调试。
知识目标	掌握模数转换芯片 ADC0808 的工作原理。

一、仿真电路设计

打开 Proteus 软件编辑环境，按表 5-2 所列仿真元器件清单添加元器件。

表 5-2 仿真元器件清单

元器件名称	所 属 类	所 属 子 类
AT89C51	Microprocessor ICs	8051 Family
ADC0808	Data Converters	A/D Converters
CRYSTAL	Miscellaneous	—

续表

元器件名称	所　属　类	所 属 子 类
CAP-ELEC	Capacitors	Generic
CAP	Capacitors	Generic
POT-HG	Resistors	Variable
RESPACK-8	Resistors	Resistor Packs
RES	Resistors	Generic
ZTX792A	Transistor	Bipolar
7SEG-MPX4-CA	Optoelectronics	7-Segment Displays

在 Proteus 软件编辑区域中按图 5-4 连接电路，并修改相应的元器件参数。

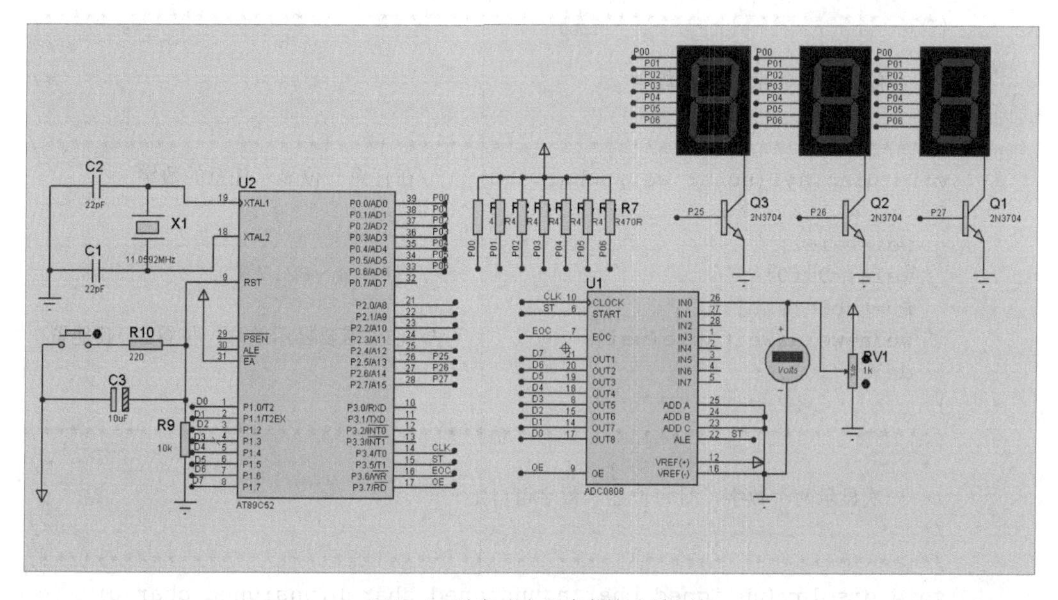

图 5-4　数字式电压表仿真电路图

二、程序设计

```
#include <reg51.h>
#define uchar unsigned char
#define uint unsigned int
#define out  P1        //定义P1端口
#define dula P0        //段码信号的锁存器控制
#define wela P2        //位选信号的锁存器控制，这里只用到P2.4~P2.7

unsigned char j,k,c2,c1,c0;
unsigned char code weitable[]={0x8f,0x4f,0x2f,0x1f};
                       //数码管各位的码表
unsigned char code table[]={0x3f,0x06,0x5b,0x4f,0x66,0x6d,0x7d,
                         0x07,0x7f,0x6f,0x77,0x7c,0x39,0x5e,0x79,0x71};
```

```
sbit clock=P3^4;      //定义clock端口
sbit start=P3^5;      //定义start端口
sbit oe=P3^7;         //定义oe端口
sbit eoc=P3^6;        //定义eoc端口
/************************************************************************/
/*                                                                      */
/* 延时函数                                                             */
/*                                                                      */
/************************************************************************/
void delay(unsigned char i)
{
  for(j=i;j>0;j--)
    for(k=125;k>0;k--);
}
/************************************************************************/
/*                                                                      */
/* 在任意一位显示任意的数字                                             */
/*                                                                      */
/************************************************************************/
void display1(uchar wei,uchar shu)   //在任意一位显示任意的数字
{
   wei=wei-1;
   wela|=0xf0;                       //将P2.4～P2.7置1
   P0=table[shu];
   wela=wela&weitable[wei];          //将P2需要显示的那一位置1，其他置0
   delay(10);
}
/************************************************************************/
/*                                                                      */
/* 一次显示两个数字，且每位显示数字可自定                               */
/*                                                                      */
/************************************************************************/
void display(unsigned char a,unsigned char b,unsigned char c)
{
   display1(3,a);
   display1(2,b);
   display1(1,c);
}
/************************************************************************/
/*                                                                      */
/* 主函数                                                               */
/*                                                                      */
/************************************************************************/
void main(void)
{
uchar  temp;
   IE=0x82;
   TMOD=0x02;                   //定时器0，工作模式2
   TR0=1;                       //打开定时器
```

```
    TH0=0x14;                    //设初值
    TL0=0x00;
  while(1)
    {
    start=0;
    start=1;
    start=0;                     //启动转换
    while(eoc==0);               //等待转换结束
    oe=1;                        //允许输出
    temp=out;                    //暂存转换结果
    oe=0;                        //关闭输出
    temp=temp*1.967;             //进行转换结果运算
      c0=temp%100%10;            //取出转换结果小数第二位
      c1=temp%100/10;            //取出转换结果小数第一位
  c2=temp/100|0x80;              //取出转换结果整数位
      display(c2,c1,c0);         //显示
    }
  }
/*****************************************************************/
/*                                                               */
/* 中断函数                                                       */
/*                                                               */
/*****************************************************************/
void time0() interrupt 1
{
   TH0=0x14;
   TL0=0x00;
   clock=~clock;
}
```

三、仿真与调试运行

（1）打开 Keil 软件，新建项目，选择 AT89C51 单片机作为 CPU，新建 C 程序源文件，编写程序，并将其添加到“Source Group 1”中。在“Options for Target”对话框中，选中“Output”选项卡中的“Create HEX File”选项和“Debug”选项卡中的“Use:Proteus VSM Simulator”选项。编译 C 源程序，改正程序中出现的错误。

（2）在 Keil 软件的菜单中选择“Debug”→“Debug/Stop Debug Session”命令，或者直接单击工具栏中的“Debug/Stop Debug Session”图标，进入程序仿真环境。按 F5 键，顺序运行程序，调出“Proteus ISIS”界面，观察程序运行结果，数字式电压表仿真效果图如图 5-5 所示。如有问题，应反复调试，直到仿真成功。

（3）将单片机芯片插入芯片座，连接好计算机和电路板，打开程序烧录软件，将由 Keil 软件生成的 HEX 文件写入单片机。

（4）单片机写入程序后，接通电源，观察系统运行状态是否符合要求。如不符合要求，应对硬件和软件进行调试。

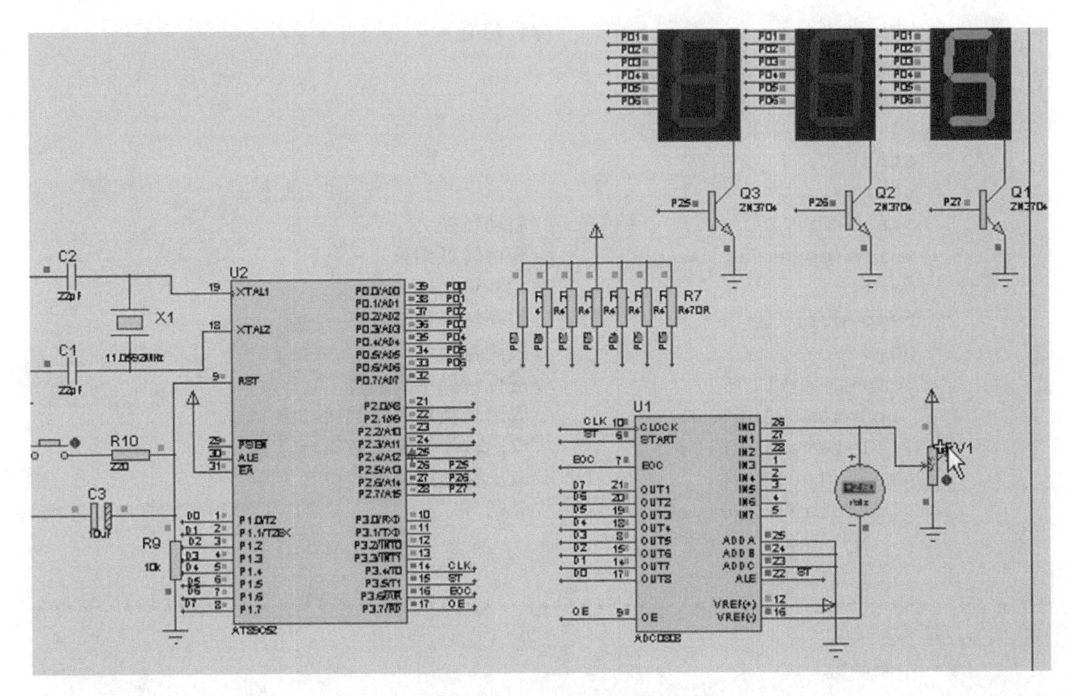

图 5-5　数字式电压表仿真效果图

任务三　单片机控制步进电机

任务描述

单片机的I/O口驱动电流较小，一般无法直接驱动步进电机，本任务采用ULN2003A作为步进电机的驱动芯片，步进电机按 1-2 相励磁法正转运行。ULN2003A 工作电压高，工作电流大，灌电流可达 500mA，并且能够在关状态下承受 50V 的电压，输出端还可以与高负载电流并行运行。

学习目标

技能目标	1．根据要求进行步进电机驱动电路的搭建。 2．根据要求进行编程、仿真调试。
知识目标	掌握步进电机的驱动方法。

一、电路设计

按图 5-6 搭建步进电机电路。

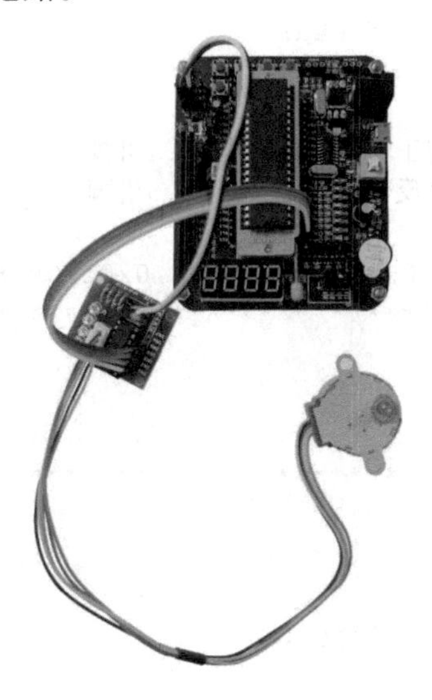

图 5-6 步进电机电路

二、仿真电路设计

步进电机仿真电路如图 5-7 所示。

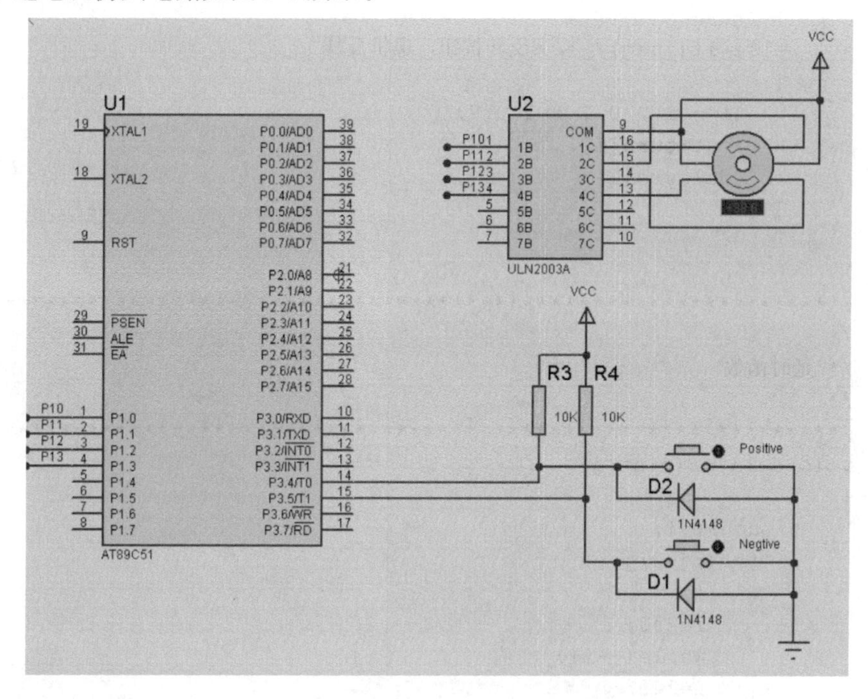

图 5-7 步进电机仿真电路

三、程序设计

```
#include<reg51.h>
#define uchar unsigned char
#define uint unsigned int
#define out  P1
sbit pos=P3^4; //将正转按钮定义为P3.4引脚
sbit neg=P3^5; //将反转按钮定义为P3.5引脚
void delayms(uint);
uchar code turn[]={0x02,0x06,0x04,0x0c,0x08,0x09,0x01,0x03};
/******************************************************************/
/*                                                                */
/* 主函数                                                          */
/*                                                                */
/******************************************************************/
void main(void)
{
   uchar i;
   out=0x03;      //初始化P1口
   while(1)
   {
     if(!pos)    //按下正转按钮，电机正转
     {
         i = i < 8 ? i+1 : 0;
         out=turn[i];
         delayms(1);
     }
     else if(!neg)//按下反转按钮，电机反转
     {
         i = i > 0 ? i-1 : 7;
         out=turn[i];
         delayms(1);
     }
   }
}
/******************************************************************/
/*                                                                */
/* 延时函数                                                        */
/*                                                                */
/******************************************************************/
void delayms(uint j)
{
      uchar i;
      for(;j>0;j--)
          {
          i=250;
          while(--i);
          i=249;
          while(--i);
```

```
        }
    }
```

四、仿真与调试运行

（1）打开 Keil 软件，新建项目，选择 AT89C51 单片机作为 CPU，新建 C 程序源文件，编写程序，并将其添加到“Source Group 1”中。在“Options for Target”对话框中，选中“Output”选项卡中的“Create HEX File”选项和“Debug”选项卡中的“Use:Proteus VSM Simulator”选项。编译 C 源程序，改正程序中出现的错误。

（2）在 Keil 的菜单中选择“Debug”→“Debug/Stop Debug Session”命令，或者直接单击工具栏中的“Debug/Stop Debug Session”图标，进入程序调试环境。按 F5 键，顺序运行程序，调出“Proteus ISIS”界面，观察程序运行结果，步进电机的应用如图 5-8 所示。如有问题，应反复调试，直到仿真成功。

（3）将单片机芯片插入芯片座，连接好计算机和电路板，打开程序烧录软件，将由 Keil 软件生成的 HEX 文件写入单片机。

（4）单片机写入程序后，接通电源，观察系统运行状态是否符合要求。如有问题，应对硬件和软件进行调试。

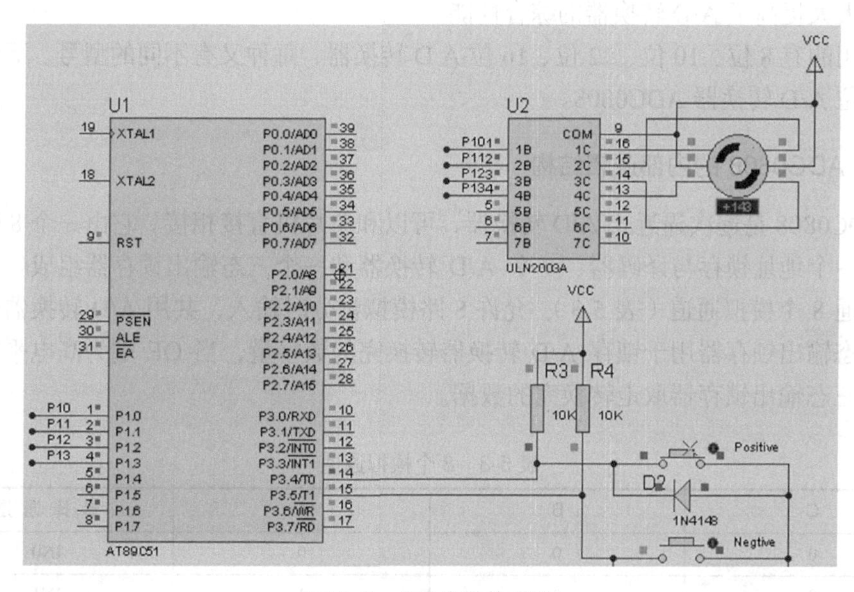

图 5-8　步进电机的应用

知识准备

知识点一　A/D 转换基本原理

自然界的各种变量（如电流、电压、距离、时间、力、温度等）大多是模拟量，但计算机等数字设备处理的是数字信号，这就需要在数字量和模拟量之间进行相互转换。将模拟量转换为数字量的电路称为模数转换器，通常简称 A/D 转换器（ADC）；将数字量转换为模拟量的电路称为数模转换器，简称 D/A 转换器（DAC）。ADC 和 DAC 是模拟电路和数字电路沟通的桥梁，也称两者之间的接口。

模数、数模转换器与模拟、数字信号的关系如图 5-9 所示。

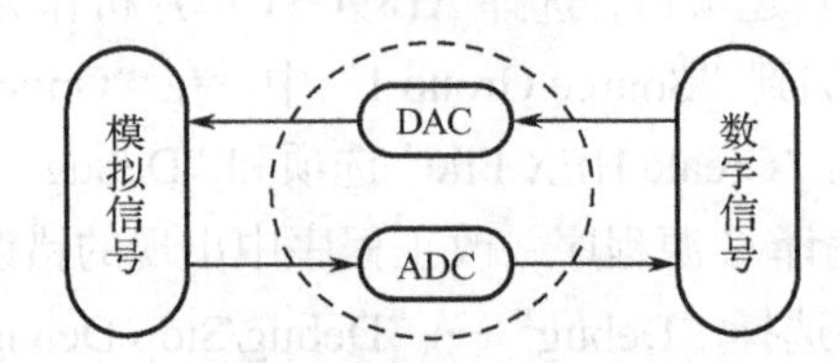

图 5-9　模数、数模转换器与模拟、数字信号的关系

知识点二　A/D 芯片 ADC0808

随着集成电路技术的发展，A/D 转换器在电路结构、性能等方面都有很大变化。从只能实现模拟量到数字量转换的 A/D 转换器，发展到与微处理器完全兼容、具有输入数据锁存功能的 A/D 转换器，进一步又出现了带有参考电压源和输出放大器的 A/D 转换器，大大提高了 A/D 转换器的综合性能。

常用的有 8 位、10 位、12 位、16 位 A/D 转换器，每种又有不同的型号。下面简单介绍 8 位 A/D 转换器 ADC0808。

1. ADC0808 的内部逻辑结构

ADC0808 是逐次逼近式 A/D 转换器，可以和单片机直接相接。它由一个 8 路模拟开关、一个地址锁存与译码器、一个 A/D 转换器和一个三态输出锁存器组成。多路开关可选通 8 个模拟通道（表 5-3），允许 8 路模拟量分时输入，共用 A/D 转换器进行转换。三态输出锁存器用于锁存 A/D 转换器转换完的数字量，当 OE 端为高电平时，才可以从三态输出锁存器取走转换完的数据。

表 5-3　8 个模拟通道

C	B	A	选择通道
0	0	0	IN0
0	0	1	IN1
0	1	0	IN2
0	1	1	IN3
1	0	0	IN4
1	0	1	IN5
1	1	0	IN6
1	1	1	IN7

2. ADC0808 引脚功能

ADC0808 芯片有 28 个引脚，采用双列直插式封装。各引脚功能如下。

1 ~ 5 脚和 26 ~ 28 脚（IN0 ~ IN7）：8 路模拟量输入端。

8、14、15 和 17 ~ 21 脚：8 位数字量输出端。

22 脚（ALE）：地址锁存允许信号，输入，高电平有效。

6 脚（START）：A/D 转换启动脉冲输入端，输入一个正脉冲（至少 100ns 宽）使其启动（脉冲上升沿使 ADC0808 复位，下降沿启动 A/D 转换）。

7 脚（EOC）：A/D 转换结束信号，输出，当 A/D 转换结束时，此端输出一个高电平（转换期间一直为低电平）。

9 脚（OE）：数据输出允许信号，输入，高电平有效。当 A/D 转换结束时，此端输入一个高电平，才能打开输出三态门，输出数字量。

10 脚（CLK）：时钟脉冲输入端，要求时钟频率不高于 640kHz。

12 脚［VREF（+）］和 16 脚［VREF（-）］：参考电压输入端。

11 脚（VCC）：主电源输入端。

13 脚（GND）：地。

23 ~ 25 脚（ADDA、ADDB、ADDC）：3 位地址输入线，用于选通 8 路模拟输入中的一路。

3. ADC0808 应用说明

（1）ADC0808 内部带有输出锁存器，可以与 AT89S51 单片机直接相连。

（2）初始化时，使 START 和 OE 信号全为低电平。

（3）在 START 端给出一个至少 100ns 宽的正脉冲信号。

（4）根据 EOC 信号来判断转换是否结束。

（5）当 EOC 变为高电平时，给 OE 输入高电平，转换的数据就输出给单片机了。

课后练习：数字温度计的设计与制作。

项目六

点阵显示电路的设计与制作——点阵

项目情境

LED 点阵显示屏是一种简单的字符、图形和汉字显示器，具有廉价、易于控制、使用寿命长等特点，可广泛应用于各种公共场合，如车站、银行、学校、火车、公共汽车等（图 6-1）。本项目将通过完成“点阵显示电路的设计与制作”任务来学习 8×8 和 16×16 点阵相关知识。

图 6-1　常见 LED 点阵显示效果

学习目标

技能目标	1．掌握 LED 点阵显示的扫描方式。 2．掌握 8×8 和 16×16 点阵显示电路的程序设计。
知识目标	1．掌握 LED 显示模块的结构、工作原理。 2．理解 LED 显示模块的控制电路扩展。

项目分析

LED 点阵显示模块是一种简单的字符、图形和汉字显示器件，一般由发光二极管

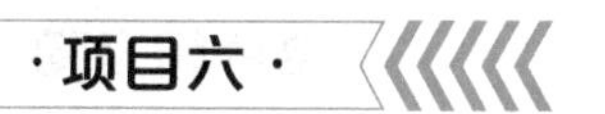

组成方阵，其中 8×8 点阵可以比较清晰地显示一些简单图形和字符，如果要显示更加清晰的图形和汉字，则需要 16×16 点阵或点数更多的点阵。本项目利用单片机及相关端口扩展芯片制作单片机控制的两个 LED 屏显示电路，为此将本项目分解为以下两个任务。

任务一 8×8 点阵显示字符

任务描述

利用 8×8 点阵滚动显示“9 ~ 0”十个数字。

学习目标

技能目标	根据驱动芯片进行 8×8 点阵控制编程、仿真调试。
知识目标	掌握 8×8 点阵驱动原理。

一、硬件电路制作

制作 8×8 点阵显示板，显示电路采用逐列动态扫描法，即单片机 P0 口控制点阵的列线（列线接点阵的阳极），P3 口控制点阵的行线。

1. 元件清单

8×8 点阵元件清单见表 6-1。

表 6-1　8×8 点阵元件清单

名　称	代　号	型号/规格	数　量
单片机	U1	AT89C51	1
点阵显示模块	D1	8×8 点阵（绿色）	1
双向总线驱动器	U2	74LS245	1
晶振	X1	12MHz	1
瓷片电容	C1、C2	30pF	2
电解电容	C3	22μF	1
复位电阻	R1	2kΩ	1
限流电阻	R2	470Ω	1
轻触开关	—	—	1

续表

名　称	代　号	型号/规格	数　量
IC 插座	—	40 脚	1
排线插针	—	8Pin	4
PCB（或万能板）	—	—	1
焊锡与松香	—	—	若干

2．电路板制作

按照图 6-2 在电路板上进行元件布局设计，将元件进行插装和焊接，8×8 点阵显示板如图 6-3 所示。

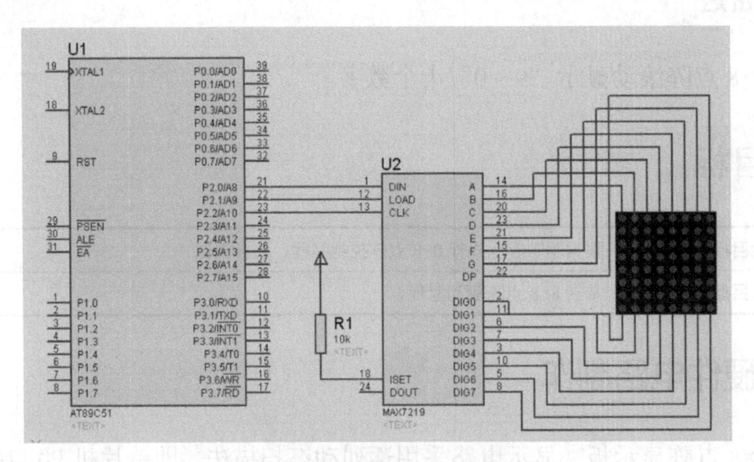

图 6-2　8×8 点阵屏显示原理图

图 6-3　8×8 点阵显示板

在制作过程中，须注意以下几点。

（1）元件在 PCB 上插装和焊接的顺序是先低后高、先小后大，要求布局合理、整齐美观。

（2）有极性的元件要严格按照极性来安装，不能错装，如电解电容、发光二极管。

（3）焊点要求圆滑、光亮、无毛刺、无假焊、无虚焊，确保机械强度足够，连接可靠。

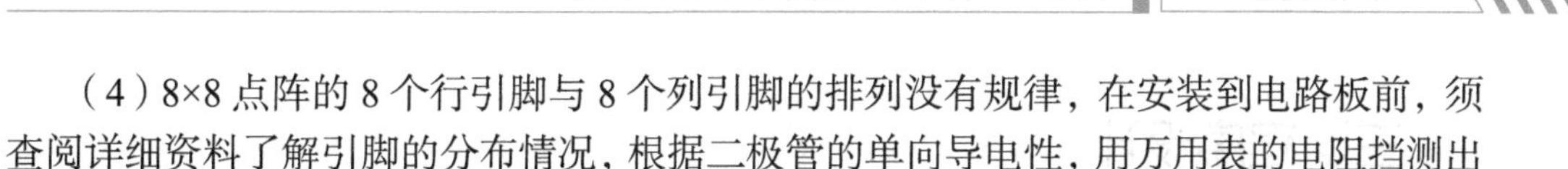

（4）8×8 点阵的 8 个行引脚与 8 个列引脚的排列没有规律，在安装到电路板前，须查阅详细资料了解引脚的分布情况，根据二极管的单向导电性，用万用表的电阻挡测出每个发光二极管的行引脚和列引脚并标记。

3．电路板检查

通电之前，首先用万用表的电阻挡检查电源和地线间是否存在短路现象，检测 IC 插座各引脚对地电阻并记录，分析阻值是否符合电路的设计要求，是否在合理范围内，避免出现短路、开路等电路故障，发现问题需要仔细检查并排除。

通电检查，不插入芯片，检查 IC 插座的电源引脚电压是否为+5V，接地引脚电压是否为 0V。

二、仿真电路设计

打开 Proteus 软件编辑环境，按表 6-2 所列仿真元件清单添加元件。

表 6-2　仿真元件清单

元 件 名 称	所 属 类	所 属 子 类
AT89C51	Microprocessor	8051 Family
CAP	Capacitors	Generic
CAP-ELEC	Capacitors	Generic
CRYSTAL	Miscellaneous	—
RES	Resistors	Generic
74LS245	TTL 74LS series	Transceivers
MATRIX-8×8-GREEN	Optoelectronics	Dot Matrix Display

元件全部添加后，在 Proteus 软件编辑区域中按图 6-4 连接硬件电路，并修改相应的元件参数。

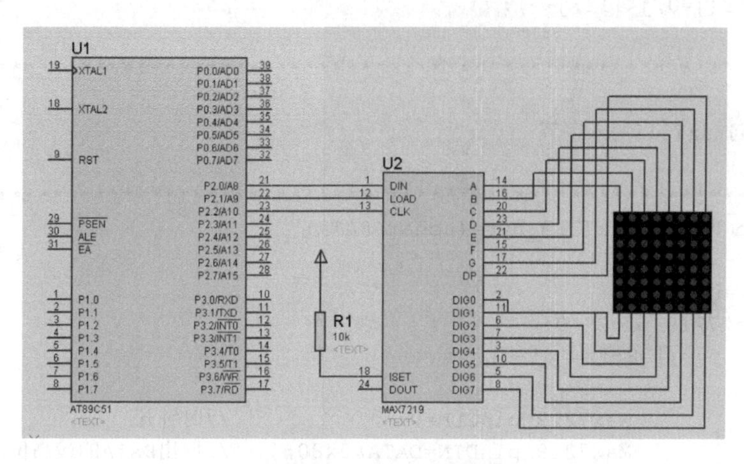

图 6-4　8×8 点阵仿真图

三、程序设计

```
#include <reg51.h>
#include <intrins.h>
#define uchar unsigned char
#define uint  unsigned int

sbit Max7219_pinCLK = P2^2;              //定义Max7219时钟端口
sbit Max7219_pinCS  = P2^1;              //定义Max7219锁存端口
sbit Max7219_pinDIN = P2^0;              //定义Max7219数据端口
//二维数组存放显示内容
   uchar code disp1[10][8]={
{0x3C,0x42,0x42,0x42,0x42,0x42,0x42,0x3C},  //0
{0x10,0x18,0x14,0x10,0x10,0x10,0x10,0x10},  //1
{0x7E,0x2,0x2,0x7E,0x40,0x40,0x40,0x7E},    //2
{0x3E,0x2,0x2,0x3E,0x2,0x2,0x3E,0x0},       //3
{0x8,0x18,0x28,0x48,0xFE,0x8,0x8,0x8},      //4
{0x3C,0x20,0x20,0x3C,0x4,0x4,0x3C,0x0},     //5
{0x3C,0x20,0x20,0x3C,0x24,0x24,0x3C,0x0},   //6
{0x3E,0x22,0x4,0x8,0x8,0x8,0x8,0x8},        //7
{0x0,0x3E,0x22,0x22,0x3E,0x22,0x22,0x3E},   //8
{0x3E,0x22,0x22,0x3E,0x2,0x2,0x2,0x3E},     //9
};
/*****************************************************************/
/*                                                               */
/* 延时函数                                                      */
/*                                                               */
/*****************************************************************/
void Delay_xms(uint x)
{
uint i,j;
for(i=0;i<x;i++)
  for(j=0;j<112;j++);
}
/*****************************************************************/
/*                                                               */
/* 向Max7219写入字节                                             */
/*                                                               */
/*****************************************************************/
void Write_Max7219_byte(uchar DATA)
{
     uchar i;
  Max7219_pinCS=0;
     for(i=8;i>=1;i--)
          {
            Max7219_pinCLK=0;                //时钟开
            Max7219_pinDIN=DATA&0x80;        //取出DATA的最高位，实参数据位
与0x80（即10000000）相与
```

```
            DATA=DATA<<1;                //左移一位
            Max7219_pinCLK=1;            //时钟关
           }
     }
     /*****************************************************************/
     /*                                                               */
     /* 向Max7219写入数据                                             */
     /*                                                               */
     /*****************************************************************/
     void Write_Max7219(uchar address,uchar dat)
     {
         Max7219_pinCS=0;                //锁存开
       Write_Max7219_byte(address);      //写入地址，即数码管编号
         Write_Max7219_byte(dat);        //写入数据，即数码管显示数字
       Max7219_pinCS=1;                  //锁存关
     }
     /*****************************************************************/
     /*                                                               */
     /* Max7219初始化                                                 */
     /*                                                               */
     /*****************************************************************/
     void Init_MAX7219(void)
     {
     Write_Max7219(0x09, 0x00);   //0x09为译码控制寄存器地址 //0x00为不译码模
式数据//01为译码模式
     Write_Max7219(0x0a, 0x03);   //0x0a为亮度控制寄存器地址 //0x03为亮度控制
数据0x00-0x0f
     Write_Max7219(0x0b, 0x07);   //0x0b为扫描界限寄存器地址 //0x07为八位模式
数据
     Write_Max7219(0x0c, 0x01);   //0x0c为关断模式寄存器地址 //0x01为正常工作
模式数据
     Write_Max7219(0x0f, 0x00);   //0x0f为显示模式寄存器地址 //0x00为正常工作
模式数据
     }
     /*****************************************************************/
     /*                                                               */
     /* 主函数                                                        */
     /*                                                               */
     /*****************************************************************/
     void main(void)
     {
     uchar i,j;
     Delay_xms(50);               //Max7219最大频率为10MHz，所以延迟5毫秒
     Init_Max7219();              //初始化
     while(1)
     {
      for(j=10;j>0;j--)
        {
         //显示
       for(i=1;i<9;i++)
```

```
            Write_Max7219(i,disp1[j-1][i-1]);
            Delay_xms(1000);
         }
      }
   }
```

四、仿真与调试运行

（1）打开 Keil 软件，新建项目，选择 AT89C51 单片机作为 CPU，新建 C 程序源文件，编写程序，并将其添加到“Source Group 1”中。在“Options for Target”对话框中，选中“Output”选项卡中的“Create HEX File”选项和“Debug”选项卡中的“Use:Proteus VSM Simulator”选项。编译 C 源程序，改正程序中出现的错误。

（2）在 Keil 的菜单中选择“Debug”→“Debug/Stop Debug Session”命令，或者直接单击工具栏中的“Debug/Stop Debug Session”图标，进入程序调试环境。按 F5 键，顺序运行程序，调出“Proteus ISIS”界面，观察程序运行结果，8×8 点阵仿真显示效果如图 6-5 所示。如有问题，应反复调试，直到仿真成功。

（3）将单片机芯片插入芯片座，连接好计算机和电路板，打开程序烧录软件，将由 Keil 软件生成的 HEX 文件写入单片机。

（4）单片机写入程序后，接通电源，观察系统运行状态是否符合要求。如有问题，应对硬件和软件进行调试。

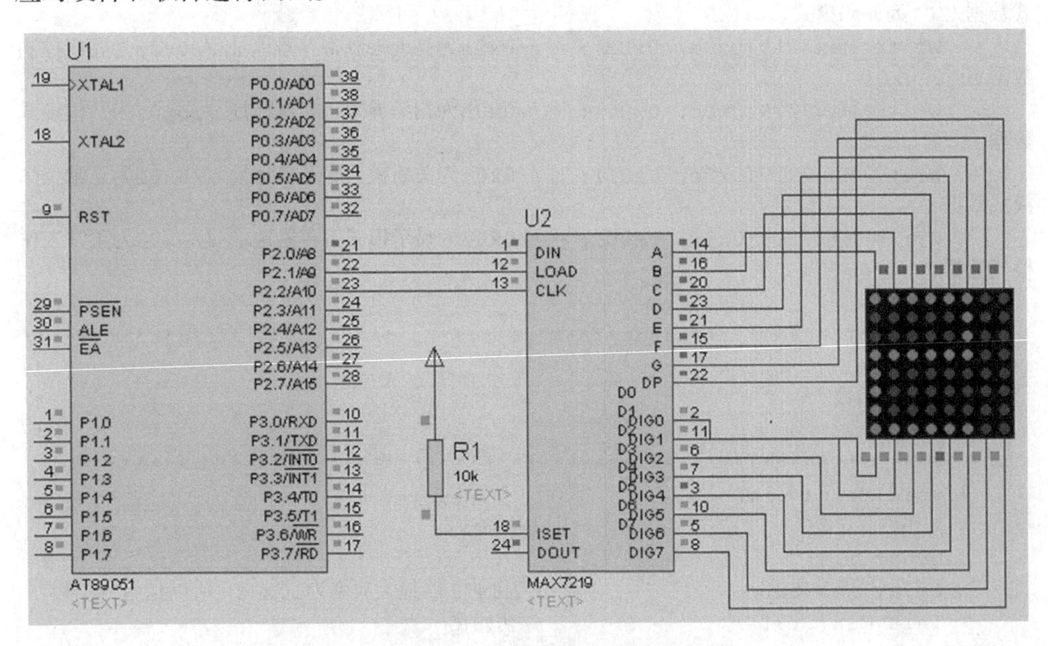

图 6-5　8×8 点阵仿真显示效果

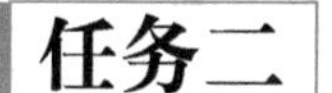

任务二 16×16 点阵显示汉字

任务描述

制作 16×16 点阵显示板，片选信号由 74HC154 控制，编写程序显示汉字“单片机仿真”。

学习目标

技能目标	根据驱动芯片进行 16×16 点阵控制编程、仿真调试。
知识目标	掌握 16×16 点阵驱动原理。

一、硬件电路制作

本任务首先完成 16×16 点阵显示板的制作，其原理与 8×8 点阵显示板相似。一个 16×16 LED 点阵由 4 个 8×8 点阵构成，4 个 8×8 点阵可由 P0 口和 P2 口输出点阵编码，片选信号由 74HC154 控制。

1．元件清单

16×16 点阵元件清单见表 6-3，在万能板上进行组件布局设计，绘制元件分布图及接线图。

表 6-3　16×16 点阵元件清单

名　称	代　号	型号/规格	数　量
单片机	U1	AT89C51	1
点阵显示模块	D1	8×8 点阵（红色）	1
译码器	U2	74HC154	1
晶振	X1	12MHz	1
瓷片电容	C1、C2	30pF	2
电解电容	C3	22μF	1
复位电阻	R1	2kΩ	1
限流电阻	R2	470Ω	1
上拉电阻	RP1	1kΩ	8
轻触开关	—	—	1

续表

名　　称	代　　号	型号/规格	数　　量
IC 插座	—	40 脚	1
排线插针	—	8Pin	4
PCB（或万能板）	—	—	1
焊锡与松香	—	—	若干

2．电路制作

按照图 6-6 在电路板上进行元件布局设计，将元件进行插装和焊接，16×16 点阵显示板如图 6-7 所示，在制作过程中，须注意以下几点。

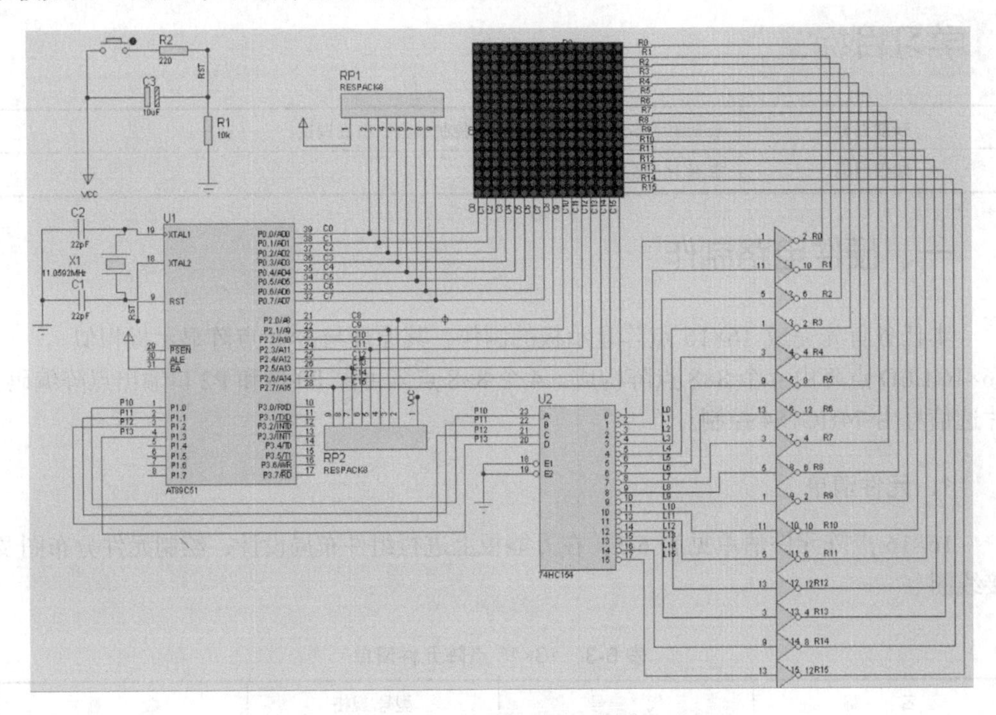

图 6-6　16×16 点阵原理图

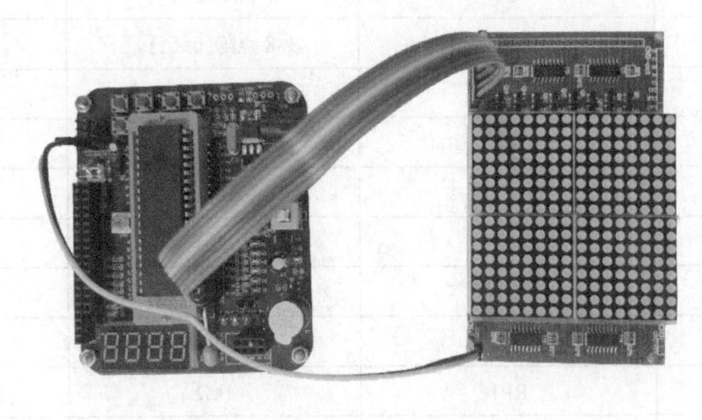

图 6-7　16×16 点阵显示板

（1）相关元件尽量就近分布，布局力求美观、方便。

（2）走线尽量走电路板元件面，如果焊点面也要走线，应遵循“元件面走横线，焊点面走竖线”的原则。

（3）单个 8×8 点阵屏的 8 个行引脚与 8 个列引脚的排列没有规律，在安装到电路板前，须弄清引脚的分布情况，根据二极管的单向导电性，用万用表的电阻挡测出每个发光二极管的行引脚和列引脚并标记。先将 4 个 8×8 点阵分成两组，每组的行线和列线对应地连接在一起，即 8 根行线和 8 根列线，这样两组的行线和列线加起来就并接出了 16 根行线和 16 根列线。

（4）插接 74HC154 芯片的 IC 插座（24 脚）。1 ~ 16 脚与点阵连接时，要注意引脚的对应顺序，不要接错。

3．电路板检查

通电之前，首先用万用表的电阻挡检查电源和地线间是否存在短路现象，测 IC 插座各引脚对地电阻并记录，分析阻值是否符合电路的设计要求，是否在合理范围内，避免出现短路、开路等电路故障，发现问题需要仔细检查并排除。

通电检查，不插入芯片，检查 IC 插座的电源引脚电压是否为+5V，接地引脚电压是否为 0V。

二、仿真电路设计

打开 Proteus 软件编辑环境，按表 6-4 所列仿真元件清单添加元件。

表 6-4　仿真元件清单

元 件 名 称	所　属　类	所 属 子 类
AT89C51	Microprocessor	8051 Family
CAP	Capacitors	Generic
CAP-ELEC	Capacitors	Generic
CRYSTAL	Miscellaneous	—
RES	Resistors	Generic
74HC154	Resistors	Transceivers
RESPACK-8	Resistors	Resistor Packs
MATRIX-8×8-GREEN	Optoelectronics	Dot Matrix Display

元件全部添加后，在 Proteus 软件编辑区域中按图 6-8 连接硬件电路，并修改相应的元件参数。

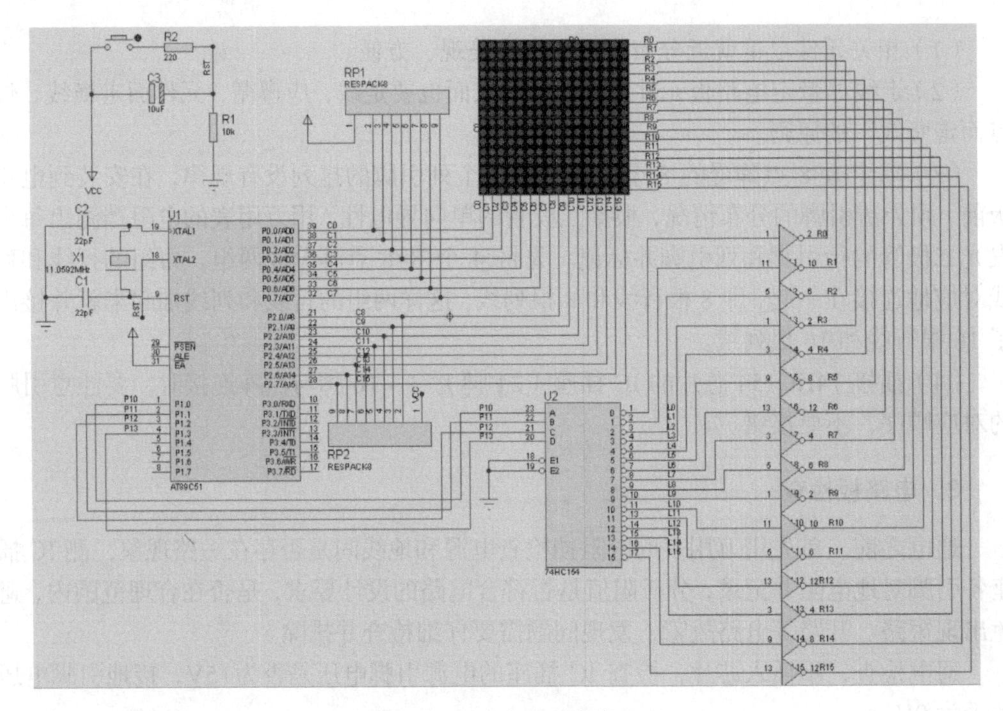

图 6-8　16×16 点阵仿真图

三、程序设计

```
#include <reg51.h>
#define uchar unsigned char
#define uint unsigned int
#define out1 P0
#define out2 P2
#define tt P1
void delay(uint j)
{
    uchar i=250;
    for(;j>0;j--)
    {
        while(--i);
        i=100;
    }
}
uchar code string[]=
{
/*--  文字：单  --*/
/*--  宋体12号，对应的点阵为：宽×高=16×16   --*/
0xF7,0xF7,0xEF,0xFB,0xDF,0xFD,0x03,0xE0,0x7B,0xEF,0x7B,0xEF,0x03,0xE0,0x7B,0xEF,
0x7B,0xEF,0x03,0xE0,0x7F,0xFF,0x7F,0xFF,0x00,0x80,0x7F,0xFF,0x7F,0xFF,0x7F,0xFF,
```

```
    /*--  文字：片  --*/
    /*--  宋体12号，对应的点阵为：宽×高=16×16   --*/
    0xFF,0xFD,0xF7,0xFD,0xF7,0xFD,0xF7,0xFD,0xF7,0xFD,0x07,0xC0,0xF7,0
xFF,0xF7,0xFF,
    0xF7,0xFF,0x07,0xF8,0xF7,0xFB,0xF7,0xFB,0xF7,0xFB,0xFB,0xFB,0xFB,0
xFB,0xFD,0xFB,

    /*--  文字：机  --*/
    /*--  宋体12号，对应的点阵为：宽×高=16×16   --*/
    0xF7,0xFF,0x77,0xF0,0x77,0xF7,0x77,0xF7,0x40,0xF7,0x77,0xF7,0x73,0
xF7,0x63,0xF7,
    0x55,0xF7,0x55,0xF7,0x76,0xF7,0x77,0xB7,0x77,0xB7,0xB7,0xB7,0xB7,0
x8F,0xD7,0xFF,

    /*--  文字：仿  --*/
    /*--  宋体12号，对应的点阵为：宽×高=16×16   --*/
    0xEF,0xFE,0xEF,0xFD,0xEF,0xFD,0x17,0x80,0x77,0xFF,0x73,0xFF,0x73,0
xFF,0x75,0xE0,
    0x76,0xEF,0x77,0xEF,0x77,0xEF,0x77,0xEF,0xB7,0xEF,0xB7,0xEF,0xD7,0
xF5,0xE7,0xFB,

    /*--  文字：真  --*/
    /*--  宋体12号，对应的点阵为：宽×高=16×16   --*/
    0x7F,0xFF,0x7F,0xFF,0x01,0xC0,0x7F,0xFF,0x07,0xF0,0xF7,0xF7,0x07,0
xF0,0xF7,0xF7,
    0x07,0xF0,0xF7,0xF7,0x07,0xF0,0xF7,0xF7,0x00,0x80,0xEF,0xFB,0xF7,0
xF7,0xFB,0xEF,
       };
    /**********************************************************************/
    /*                                                                    */
    /* 主函数                                                             */
    /*                                                                    */
    /**********************************************************************/
    void main()
    {
    uchar i,j,n;
    while(1)
      {
       for(j=0;j<5;j++)               //共有5个汉字
         {
         for(n=0;n<57;n++)            //每个汉字整屏扫描57次
            {
              for(i=0;i<16;i++)  //16行
                 {
                  tt=i%16;
                 out1=string[i*2+j*32];
                 out2=string[i*2+1+j*32];

                 delay(4);
                 out1=0xff;
```

```
                    out2=0xff;
                   }
               }
           }
        }
    }
```

四、仿真与调试运行

（1）打开 Keil 软件，新建项目，选择 AT89C51 单片机作为 CPU，新建 C 程序源文件，编写程序，并将其添加到“Source Group 1”中。在“Options for Target”对话框中，选中“Output”选项卡中的“Create HEX File”选项和“Debug”选项卡中的“Use:Proteus VSM Simulator”选项。编译 C 源程序，改正程序中出现的错误。

（2）在 Keil 的菜单中选择“Debug”→“Debug/Stop Debug Session”命令，或者直接单击工具栏中的“Debug/Stop Debug Session”图标，进入程序调试环境。按 F5 键，顺序运行程序，调出“Proteus ISIS”界面，观察程序运行结果，16×16 点阵仿真显示效果如图 6-9 所示。如有问题，应反复调试，直到仿真成功。

（3）将单片机芯片插入芯片座，连接好计算机和电路板，打开程序烧录软件，将由 Keil 软件生成的 HEX 文件写入单片机。

（4）单片机写入程序后，接通电源，观察系统运行状态是否符合要求。如有问题，应对硬件和软件进行调试。

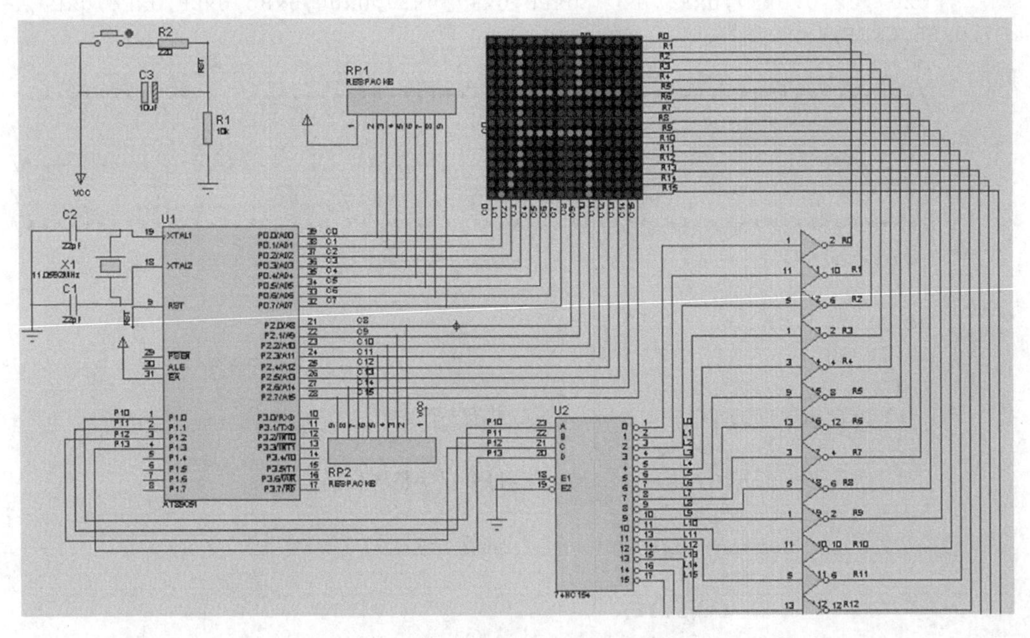

图 6-9　16×16 点阵仿真显示效果

知识准备

知识点一 8×8 点阵的结构及原理

点阵显示器是将多个发光二极管以矩阵的方式排成的功能器件，LED 各引脚有规律地连接，其中以 8×8 点阵应用最多，常用来组成大型电子显示屏。8×8 点阵的 64 个 LED 可以比较清楚地完成各种字符或图形的显示，如果要显示汉字或更加美观的图形，则需要 16×16 点阵或点数更高的点阵，它们的原理相似。

如果要利用 8×8 点阵显示汉字、字符等内容，首先需要了解点阵的电路结构，点阵按排列极性可分为共阳极和共阴极两种（点阵极性通常按照列引脚是阳极公共端还是阴极公共端来划分），图 6-10（a）所示为共阳极 8×8 点阵内部结构，图 6-10（b）所示为共阴极 8×8 点阵内部结构。

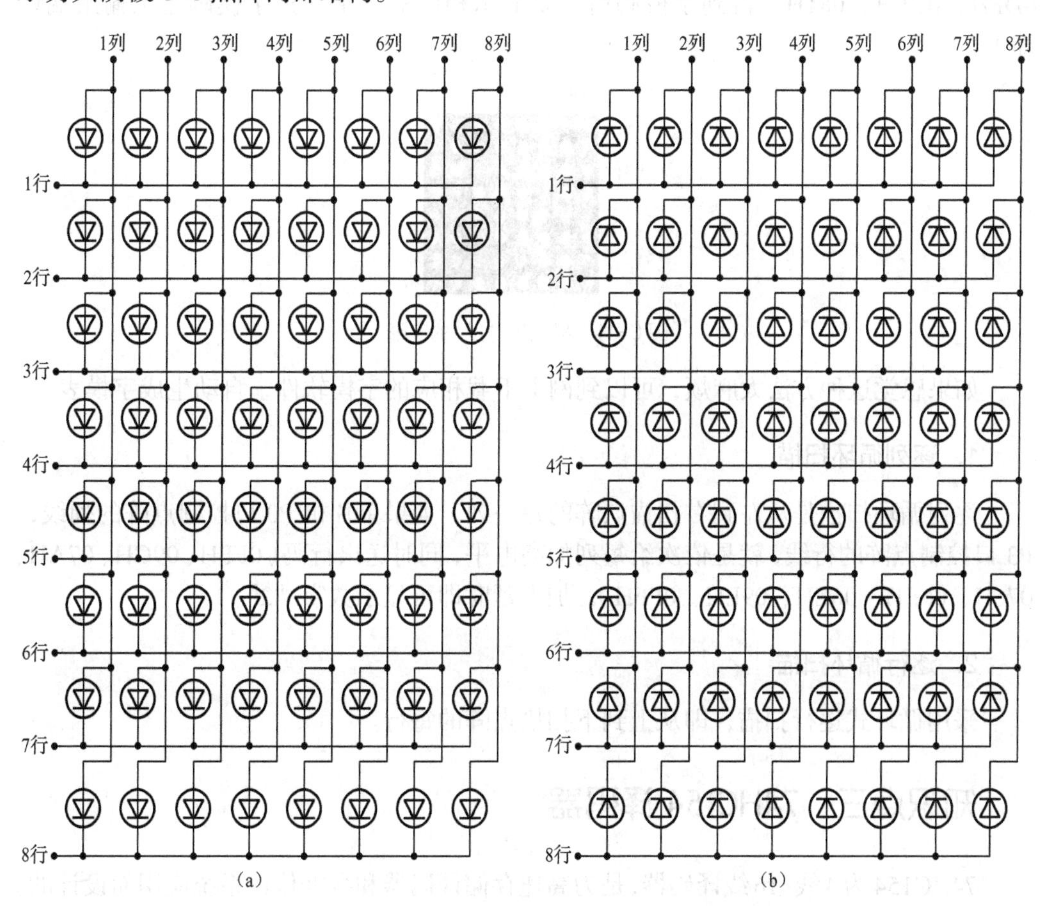

图 6-10 共阳极和共阴极 8×8 LED 点阵内部结构图

对于共阳极 8×8 点阵，每一行 8 个 LED 的阴极连接在一起，每一列 8 个 LED 的阳极连接在一起。如果行接低电平，列接高电平，则其对应的 LED 被点亮。例如，第 2

列接高电平，第 3 行接低电平，则第 3 行的第 2 个 LED 被点亮。送到列引脚的信号称为扫描信号，而所要点亮的信号则由行引脚送入低电平信号，如果扫描信号不定期地从左到右动态扫描，则人会感觉到每列都点亮了。

知识点二　LED 点阵显示方式

LED 点阵模块显示字符或图形时，一般采用动态循环扫描的方式。动态扫描分为逐列扫描和逐行扫描两种形式，现以 8×8 点阵显示“2”为例介绍动态循环扫描法。

要想显示字符，首先需要了解字符的字模码。首先在纸上画出 8×8 共 64 个圆圈，然后描绘出“2”的字形（将不用点亮的圆圈涂黑），如图 6-11 所示。如果用“○”代表低电平 0，用“●”代表高电平 1，对每一列的行状态进行编码，那么“2”的字模码（行码）为 0FFH、09CH、07AH、076H、06EH、06EH、09EH、0FFH；如果对每一行的列状态进行编码，那么“2”的字模码（列码）为 0C3H、0BDH、0BDH、0F3H、0EFH、0DFH、0BFH、081H。得到字模码后，要显示相应的数字，把字模码送至输出端口即可。

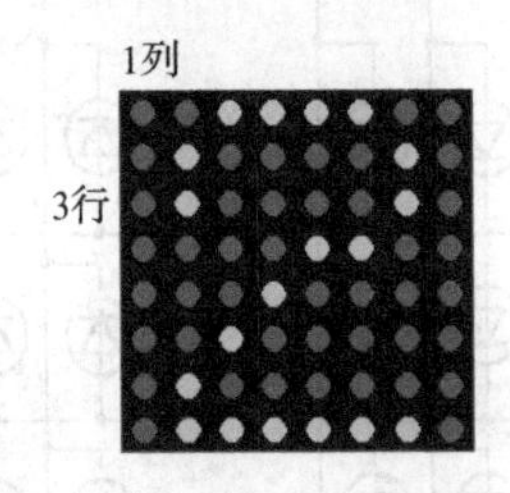

图 6-11　描绘出“2”的字形

如果感觉这种方法太麻烦，可以到网上下载相应的字模软件，自动生成字模表。

1．逐列循环扫描

逐列循环扫描是从左到右扫描点阵的每一列，如果单片机 P0 口控制点阵的列线，P3 口控制点阵的行线，就是依次给每列加高电平，同时送出行码（0FFH、09CH、07AH、076H、06EH、06EH、09EH、0FFH），加上延时即可显示数字“2”。

2．逐行循环扫描

采用循环式逐行扫描，即从上到下扫描点阵的每行。

知识点三　74HC154 译码器

74HC154 为 4 线-16 线译码器，是为高速存储译码器和数据传输系统应用而设计的。图 6-12 为 74HC154 引脚图，当选通端 G1、G2 均为低电平时，可将地址端（ABCD）的二进制编码在一个对应的输出端以一个低电平输出，74HC154 真值表见表 6-5。

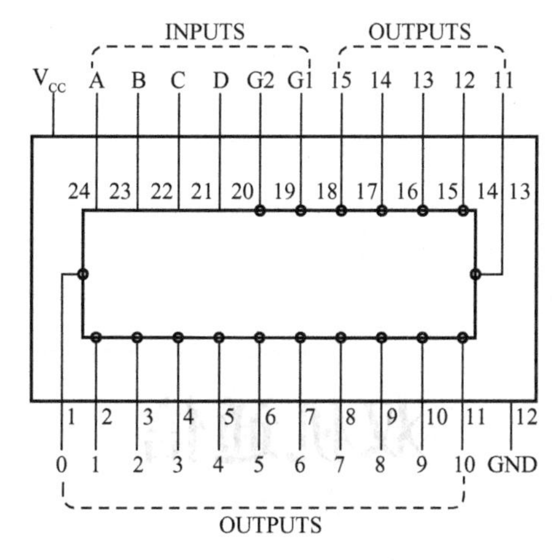

图 6-12　74HC154 引脚图

表 6-5　74HC154 真值表

Input						Low Output
G1	G2	D	C	B	A	
L	L	L	L	L	L	0
L	L	L	L	L	H	1
L	L	L	L	H	L	2
L	L	L	L	H	H	3
L	L	L	H	L	L	4
L	L	L	H	L	H	5
L	L	L	H	H	L	6
L	L	L	H	H	H	7
L	L	H	L	L	L	8
L	L	H	L	L	H	9
L	L	H	L	H	L	10
L	L	H	L	H	H	11
L	L	H	H	L	L	12
L	L	H	H	L	H	13
L	L	H	H	H	L	14
L	L	H	H	H	H	15
L	H	X	X	X	X	—
H	L	X	X	X	X	—
H	H	X	X	X	X	—

课后练习：增加一个按键，按下时可以显示不同图形。

项目七

双机通信

项目情境

你知道吗？单片机与单片机之间是可以通信的，单片机与PC之间也是可以通信的。现实生活中最常见的应用就是PC上的上位机给单片机发送指令，单片机对指令进行响应并进行处理。本项目将通过单片机与单片机之间、单片机与PC之间通信的简单案例来介绍双机通信相关的知识点。

项目分析

通信是一种信息交换。单片机工作过程中，CPU与设备之间、设备与设备之间需要不断交换各种信息。8051单片机内部集成了4个并行I/O接口和1个可编程全双工串行通信接口。所以，单片机不仅具有并行I/O控制功能，也可以实现串行I/O通信。

任务一　单片机与PC通信

任务描述

本任务是实现单片机与PC之间的通信，通过串口调试助手向单片机发送指令或将单片机的数据发送到串口调试助手进行显示。

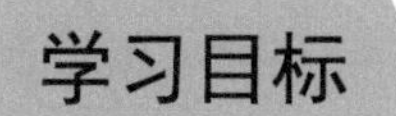

技能目标	1．根据任务要求进行电路的搭建。 2．根据任务要求进行单片机与 PC 通信程序的编写。 3．通过串口调试助手进行单片机与 PC 通信调试。
知识目标	1．掌握单片机的串行通信工作原理。 2．掌握单片机的串行接口工作方式。 3．掌握串行接口 MAX232 的使用方法。

一、电路设计

按图 7-1 搭建单片机与 PC 的通信电路。

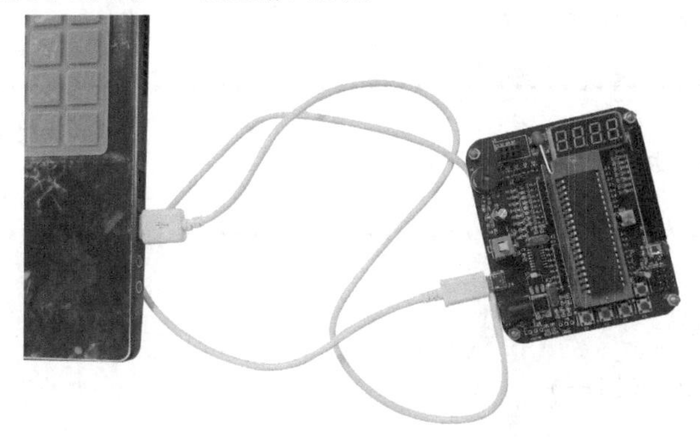

图 7-1　单片机与 PC 的通信电路

二、仿真电路设计

单片机与 PC 通信的仿真电路如图 7-2 所示。

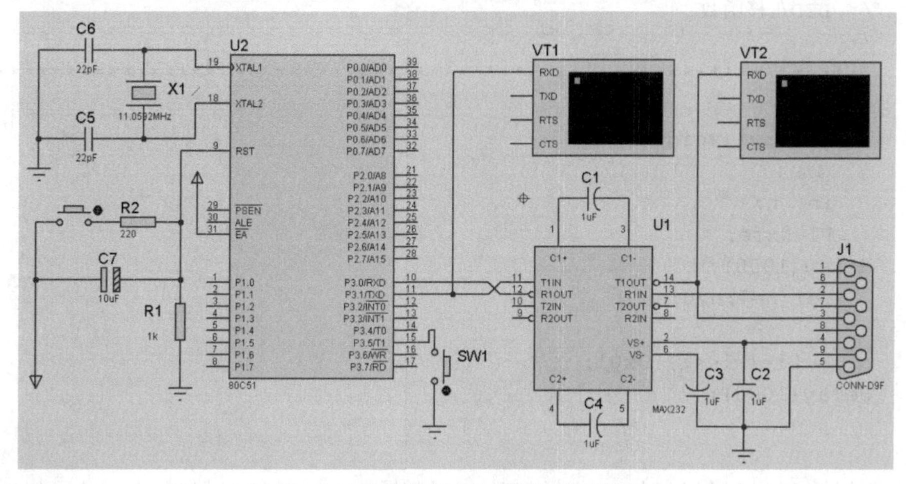

图 7-2　单片机与 PC 通信的仿真电路

三、程序设计

```
#include <reg51.h>
#define uchar unsigned char
#define uint unsigned int
ucharbuf;
/*******************************************************************/
/*                                                                 */
/* 延时函数                                                         */
/*                                                                 */
/*******************************************************************/
void delay(unsigned char i)
{
   ucharm,n;
   for(m=i;m>0;m--)
   for(n=125;n>0;n--);
}
/*******************************************************************/
/*                                                                 */
/* LED闪烁函数 */
/*                                                                 */
/*******************************************************************/
void shanshuo(void)
{
   int i;
   for(i=2;i>0;i--)
   {
     P1=0x00;delay(1000);          //亮1s
     P1=0xff;delay(1000);          //灭1s
   }
}
/*******************************************************************/
/*                                                                 */
/* LED左移函数                                                      */
/*                                                                 */
/*******************************************************************/

void zuoyi(void)
{
   int n;
   P1=0xfe;
delay(1000);
   for(n=7;n>0;n--)
   {
     P1=(P1<<1)|0x01;
delay(1000);
   }
}
/*******************************************************************/
```

```
/*                                                                */
/* LED右移函数                                                    */
/*                                                                */
/****************************************************************/

void youyi(void)
{
   int n;
   P1=0x7f;
delay(1000);
   for(n=7;n>0;n--)
   {
     P1=(P1>>1)|0x80;
   delay(1000);
   }
}
/****************************************************************/
/*                                                                */
/* 发送数据函数                                                   */
/*                                                                */
/****************************************************************/
void Send(unsigned char dat)
{
   SBUF=dat;              //将待发送数据写入发送缓冲器
   while(TI==0)           //若发送中断标志位没有置1（正在发送），则等待
     ;                    //空操作
   TI=0;                  //用软件将TI清0
}
/****************************************************************/
/*                                                                */
/* 主函数                                                         */
/*                                                                */
/****************************************************************/
void main(void)
{
   TMOD=0x20;             //定时器T1工作于方式2
SCON=0x50;                //串口工作方式1，允许接收（REN=1）
   PCON=0x00;             //波特率为9600
   EA=1;
   ES=1;                  //允许串口中断
TH1=0xfd;                 //根据规定给定时器T1赋初值
   TL1=0xfd;              //根据规定给定时器T1赋初值
   TR1=1;                 //启动定时器T1
   buf=0;
while(1)
   {
  switch(buf)
   {
 case 'A':zuoyi();buf=0;break;        //接收数据A，LED左移，并初始化buf
 case 'B':youyi();buf=0;break;        //接收数据B，LED左移，并初始化buf
```

```
    default:shanshuo();//LED闪烁
    }
    }
}
/*****************************************************************/
/*                                                               */
/*中断函数                                                        */
/*                                                               */
/*****************************************************************/
void serial() interrupt 4
{
ES=0;                    //暂时关闭串口中断
RI=0;
buf=SBUF;                //把收到的信息从SBUF放到buf中
Send(buf);               //发送数据到PC
ES=1;                    //重新开启串口中断
}
```

四、仿真与调试运行

（1）打开 Keil 软件，新建项目，选择 AT89C51 单片机作为 CPU，新建 C 程序源文件，编写程序，并将其添加到“Source Group 1”中。在“Options for Target”对话框中，选中“Output”选项卡中的“Create HEX File”选项和“Debug”选项卡中的“Use:Proteus VSM Simulator”选项。编译 C 源程序，改正程序中出现的错误。

（2）在 Keil 的菜单中选择“Debug”→“Debug/Stop Debug Session”命令，或者直接单击工具栏中的“Debug/Stop Debug Session”图标 ，进入程序调试环境。按 F5 键，顺序运行程序，调出“Proteus ISIS”界面，观察程序运行结果，单片机与 PC 通信仿真效果图如图 7-3 所示。如有问题，应反复调试，直到仿真成功。

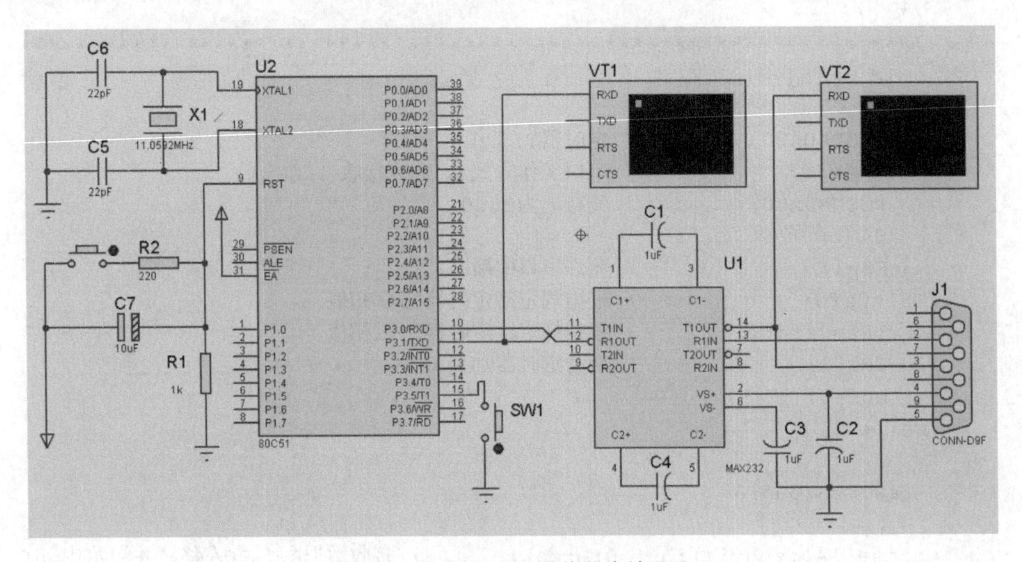

图 7-3 单片机与 PC 通信仿真效果图

（3）将单片机芯片插入芯片座，连接好计算机和电路板，打开程序烧录软件，将由Keil软件生成的HEX文件写入单片机。

（4）单片机写入程序后，接通电源，观察系统运行状态是否符合要求。如有问题，应对硬件和软件进行调试。

任务二 单片机与单片机双机通信

任务描述

本任务是实现两个单片机开发板之间的通信，其中一个开发板作为主机，另一个作为从机，主机向从机发送命令，从机对主机的命令进行响应。主机向从机发送一字节数据，从机响应后将结果显示在数码管上。

学习目标

技能目标	1. 根据任务要求进行双机通信电路的设计、搭建。 2. 根据任务要求对双机通信中的主从机分别进行编程，并进行仿真调试。
知识目标	掌握双机通信中主从机的控制方法。

一、电路设计

按图7-4搭建单片机与单片机双机通信电路。

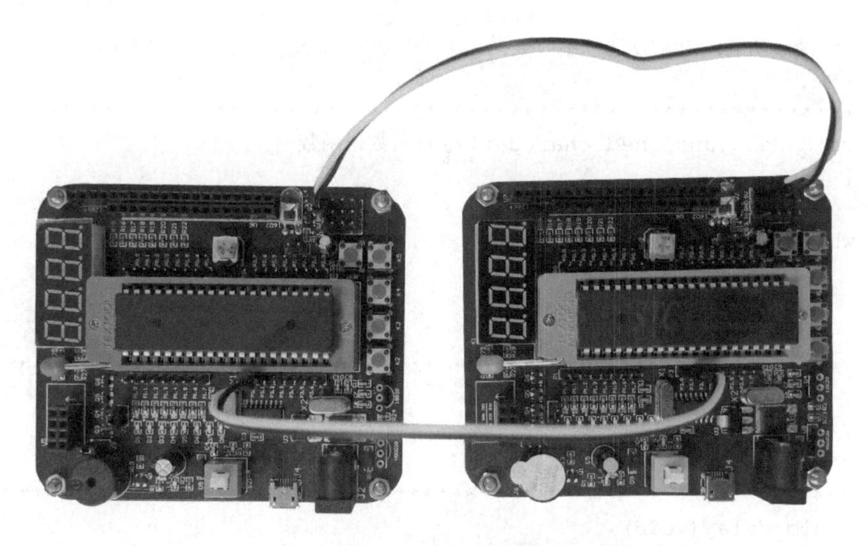

图7-4　单片机与单片机双机通信电路

二、仿真电路设计

单片机与单片机双机通信的仿真电路如图 7-5 所示。

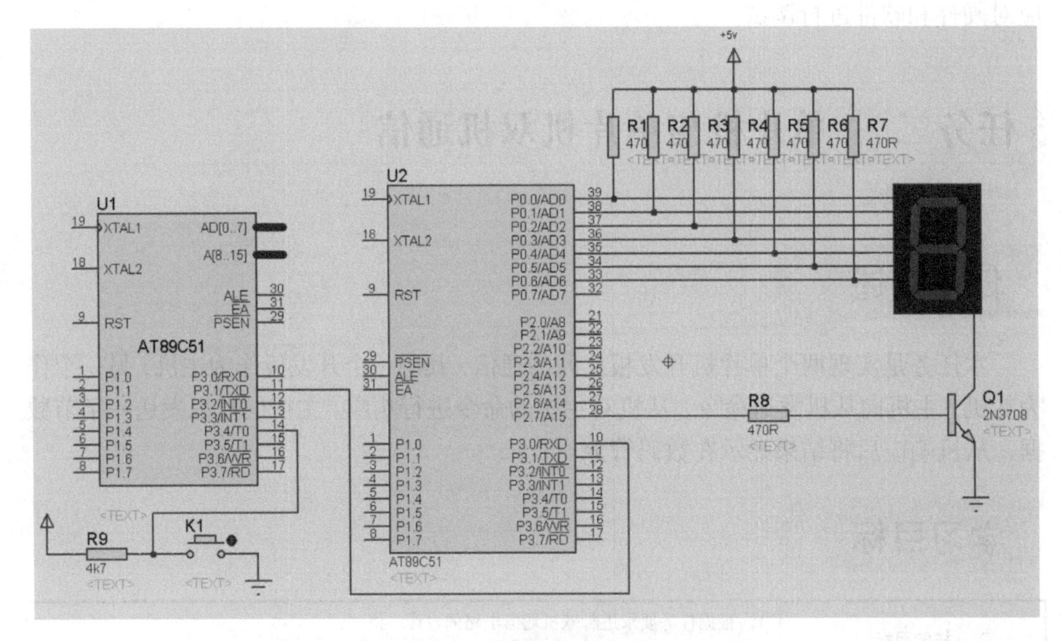

图 7-5　单片机与单片机双机通信仿真电路

三、程序设计

```
#include<reg51.h>
sbit k1=P3^4;
/*****************************************************************/
/*                                                               */
/* 函数功能：向PC发送一字节数据                                    */
/*                                                               */
/*****************************************************************/
void Send(unsigned char dat)//发送数据函数
{
  SBUF=dat;
while(TI==0)
     ;
   TI=0;
}
/*****************************************************************/
/*                                                               */
/* 函数功能：延时150ms                                            */
/*                                                               */
/*****************************************************************/
 void delay(void)
{
```

```
    unsigned char m,n;
    for(m=0;m<200;m++)
      for(n=0;n<250;n++)
          ;
  }
/***************************************************************/
/*                                                             */
/*函数功能：主函数                                              */
/*                                                             */
/***************************************************************/
void main(void)
{
   unsigned char num;
   TMOD=0x20;              //TMOD=0010 0000B，定时器T1工作于方式2
   SCON=0x40;              //SCON=0100 0000B，串口工作方式1
   PCON=0x00;              //PCON=0000 0000B，波特率为9600
   TH1=0xfd;               //赋初值
   TL1=0xfd;
   TR1=1;                  //启动定时器T1
while(1)
   {
      if(k1==0)            //按键K1按下
      {
          while(k1==0);    //消抖
          num++;           //加1
          if(num==10)
      num=0;
      }
          Send(num);         //发送按键次数
          delay();  //50ms发送一次检测数据
   }
}
```

接收端程序如下。

```
#include<reg52.h>
#define duan P0        //段码信号的锁存器控制
sbit wei1=P2^4;        //位选信号的锁存器控制
sbit wei2=P2^5;
sbit wei3=P2^6;
sbit wei4=P2^7;
                       //数码管各位的码表
unsigned char code table[]={0x3f,0x06,0x5b,0x4f,0x66,0x6d,0x7d,
                       0x07,0x7f,0x6f,0x77,0x7c,0x39,0x5e,0x79,0x71,
0x00};
/***************************************************************/
/*                                                             */
/* 函数功能：接收一字节数据                                      */
/*                                                             */
/***************************************************************/
unsigned char Receive(void)
```

```
{
  unsigned char dat;
  while(RI==0)          //只要接收中断标志位RI没有被置1
        ;               //等待，直至接收完毕（RI=1）
    RI=0;               //为了接收下一帧数据，须将RI清0
dat=SBUF;               //接收缓冲器中的数据并存放于dat中
    return dat;
}
/***********************************************************/
/*                                                         */
/* 主函数                                                  */
/*                                                         */
/***********************************************************/
void main(void)
{

   TMOD=0x20;           //TMOD=0010 0000B，定时器T1工作于方式2
SCON=0x50;              //SCON=0101 0000B，串口工作方式1，允许接收（REN=1）
   PCON=0x00;           //PCON=0000 0000B，波特率为9600
   TH1=0xfd;
   TL1=0xfd;            //预置初值
   TR1=1;               //启动定时器T1
while(1)
 {
   num=Receive();       //将接收数据存放于num中
   duan=Tab[num];       //第一个数码管显示接收数据
     wei1=1;
     wei2=0;
     wei3=0;
     wei4=0;
 }
}
```

四、仿真与调试运行

（1）打开 Keil 软件，新建项目，选择 AT89C51 单片机作为 CPU，新建 C 程序源文件，编写程序，并将其添加到“Source Group 1”中。在“Options for Target”对话框中，选中“Output”选项卡中的“Create HEX File”选项和“Debug”选项卡中的“Use:Proteus VSM Simulator”选项。编译 C 源程序，改正程序中出现的错误。

（2）在 Keil 的菜单中选择“Debug”→“Debug/Stop Debug Session”命令，或者直接单击工具栏中的“Debug/Stop Debug Session”图标，进入程序调试环境。按 F5 键，顺序运行程序，调出“Proteus ISIS”界面，观察程序运行结果，单片机与单片机双机通信仿真效果图如图 7-6 所示。如有问题，应反复调试，直到仿真成功。

（3）将单片机芯片插入芯片座，连接好计算机和电路板，打开程序烧录软件，将由 Keil 软件生成的 HEX 文件写入单片机。

（4）单片机写入程序后，接通电源，观察系统运行状态是否符合要求。如有问题，应对硬件和软件进行调试。

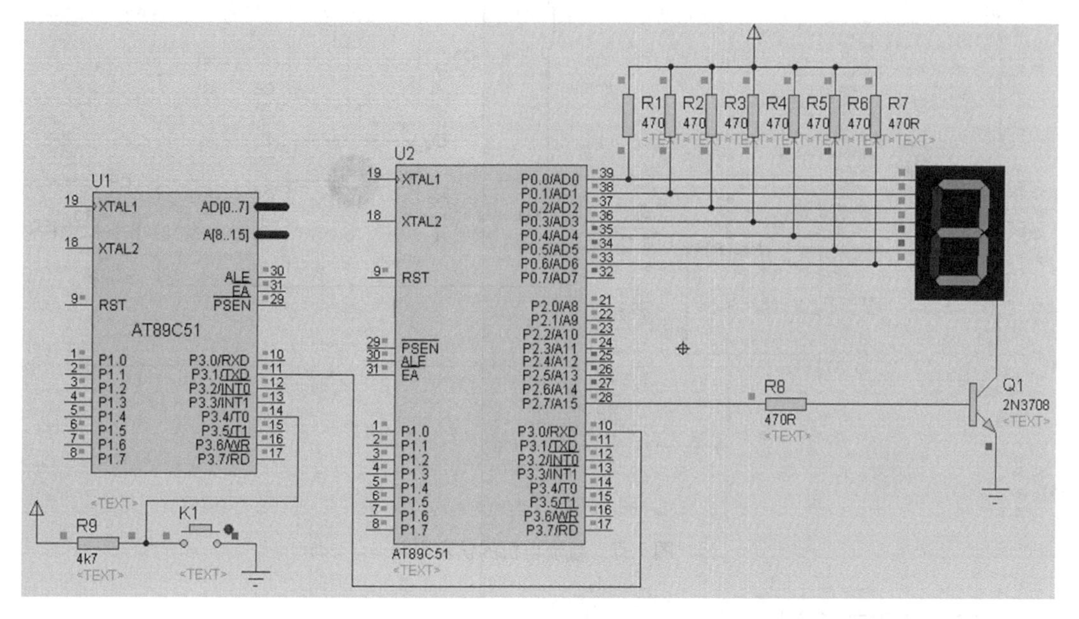

图 7-6 单片机与单片机双机通信仿真效果图

任务三 单片机控制直流电机

任务描述

本任务是通过单片机 I/O 引脚控制直流电机的正反转。

学习目标

技能目标	1. 根据任务要求对直流电机驱动电路进行设计、搭建。 2. 根据任务要求进行编程、调试。
知识目标	掌握直流电机的驱动控制方法。

一、仿真电路设计

直流电机的仿真电路如图 7-7 所示。

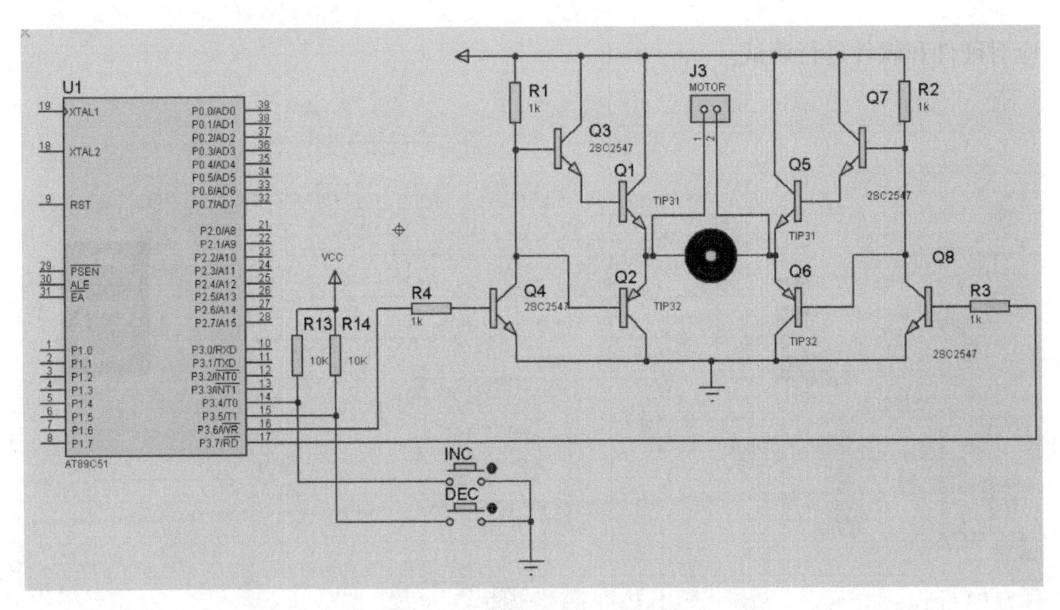

图 7-7　直流电机的仿真电路

二、程序设计

```
#include<reg51.h>
#include "intrins.h"
#define uchar unsigned char
#define uint unsigned int
sbit Inc = P3^4;            //定义转速按钮
sbit Dec = P3^5;
sbit Dir = P3^6;            //定义控制端口
sbit PWM = P3^7;
void delay(uint);

int pwm = 900;
/*******************************************************************/
/*                                                                 */
/* 主函数                                                          */
/*                                                                 */
/*******************************************************************/
void main(void)
{
   Dir=1;                   //正转
   while(1)
   {
      if(!Inc)              //pwm减1
         pwm = pwm>0 ?pwm - 1 : 0;
      if(!Dec)              //pwm加1
         pwm = pwm<1000 ?pwm + 1 : 1000;
      //占空比
      PWM=1;
```

```
        delay(pwm);
        PWM=0;
        delay(1000-pwm);
     }
  }
/*****************************************************************/
/*                                                               */
/* 延时函数                                                       */
/*                                                               */
/*****************************************************************/
void delay(uint j)
{
   for(;j>0;j--)
   {
      _nop_();
   }
}
```

三、仿真与调试运行

（1）打开 Keil 软件，新建项目，选择 AT89C51 单片机作为 CPU，新建 C 程序源文件，编写程序，并将其添加到“Source Group 1”中。在“Options for Target”对话框中，选中“Output”选项卡中的“Create HEX File”选项和“Debug”选项卡中的“Use:Proteus VSM Simulator”选项。编译 C 源程序，改正程序中出现的错误。

（2）在 Keil 的菜单中选择“Debug”→“Debug/Stop Debug Session”命令，或者直接单击工具栏中的“Debug/Stop Debug Session”图标，进入程序调试环境。按 F5 键，顺序运行程序，调出“Proteus ISIS”界面，观察程序运行结果，直流电机仿真效果图如图 7-8 所示。如有问题，应反复调试，直到仿真成功。

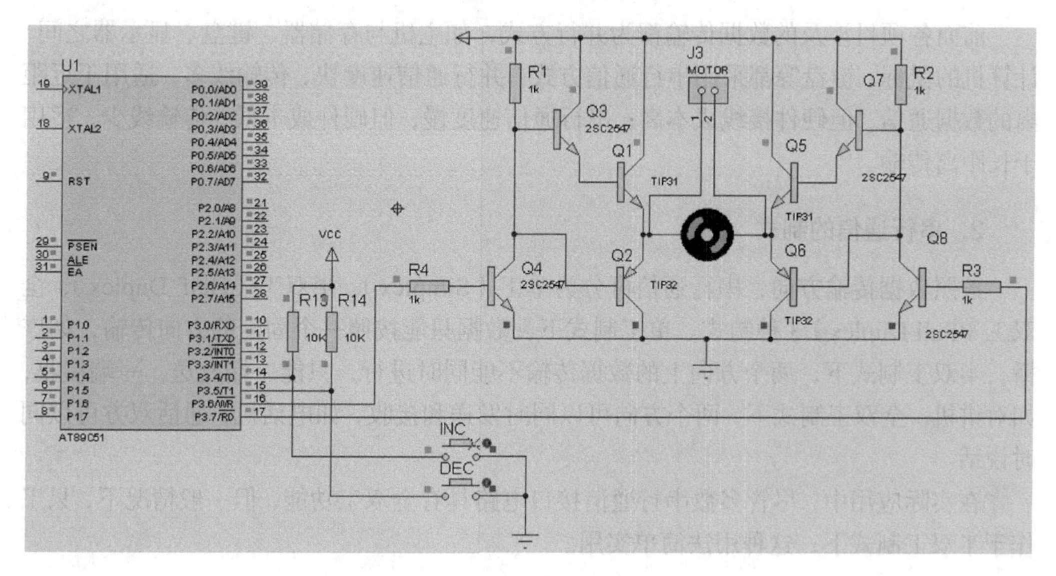

图 7-8　直流电机仿真效果图

（3）将单片机芯片插入芯片座，连接好计算机和电路板，打开程序烧录软件，将由Keil软件生成的HEX文件写入单片机。

（4）单片机写入程序后，接通电源，观察系统运行状态是否符合要求。如有问题，应对硬件和软件进行调试。

知识准备

知识点一　串行通信基础

通信是计算机技术与信息技术的结合。这里简单介绍通信方式、串行通信的制式、通信协议等基本概念。

1. 通信方式

CPU 与其他设备之间的通信有并行通信和串行通信两种方式。并行通信是指数据的各位同时传输，串行通信是指数据逐位顺序传输。图7-9所示为两种通信方式示意图。

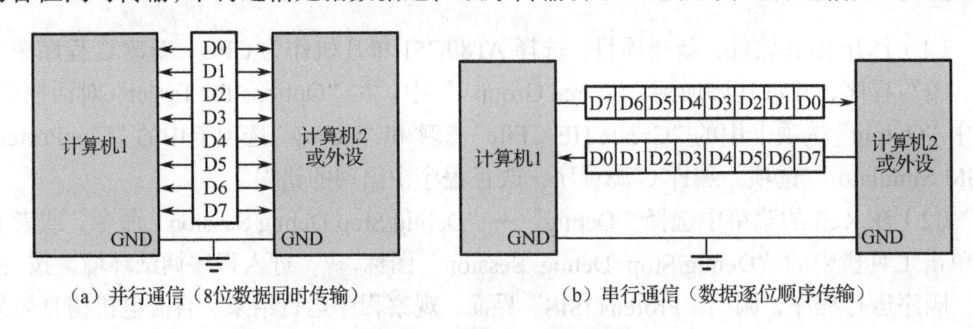

图7-9　两种通信方式示意图

前面各项目涉及的数据传输都为并行方式，如主机与存储器、键盘、显示器之间。计算机的鼠标、键盘等都采用串行通信方式。并行通信速度快，传输线多，适用于近距离的数据通信，但硬件接线成本高；串行通信速度慢，但硬件成本低，传输线少，适用于长距离传输。

2. 串行通信的制式

按照数据传输方向，串行通信可分为单工（Simplex）、半双工（Half Duplex）、全双工（Full Duplex）3种制式。单工制式下，数据只能按照一个固定的方向传输，如广播。半双工制式下，两个方向上的数据传输不能同时进行，只能一端发送，一端接收，如对讲机。全双工制式下，两个方向可以同时发送和接收，如电话机，通话双方可以同时说话。

在实际应用中，尽管多数串行通信接口电路具有全双工功能，但一般情况下，只工作于半双工制式下，这种用法简单实用。

3. 串行通信的类型

按照串行数据的时钟控制方式，串行通信分为同步串行通信和异步串行通信。同步串行通信每次传输由同步字符、数据字符、校验字符构成的 1 帧信息。同步串行通信数据传输速率高，但要求收发双方的时钟严格同步。

异步串行通信每次发送由起始位、数据位、校验位、停止位 4 部分构成的 1 个字符帧，其结构如图 7-10 所示。

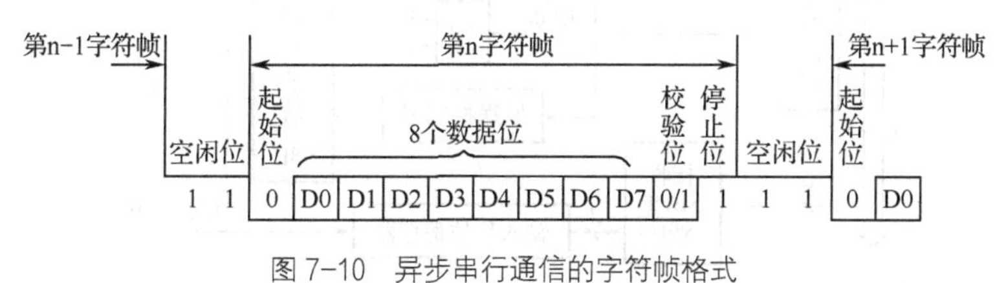

图 7-10 异步串行通信的字符帧格式

① 起始位：位于字符帧开头，只占 1 位，低电平，用于向接收设备表示发送端开始发送 1 帧信息。

② 数据位：紧跟起始位之后的数据信息，低位在前，高位在后。用户可以自己定义数据位的长度。

③ 校验位：位于数据位之后，仅占 1 位，用来表征串行通信中采用奇校验还是偶校验，由用户编程决定。

④ 停止位：用来表征字符帧结束的位，高电平，通常可取 1 位、1.5 位或 2 位。

⑤ 空闲位：数据线上没有数据传输时数据线的状态，高电平，其长度没有限制。

4. 串行通信的速率

单片机中，串行通信的速率用波特率（Baud Rate）表示，单位为 Bd。波特率用于表征数据传输的速率，是串行通信的重要指标。通常，异步通信的波特率为 1200 的整数倍，如 1200、2400、9600Bd。

5. 通信协议

为了保证串行通信的可靠接收，通信双方在字符帧格式、波特率、电平格式、校验方式等方面应采用统一的标准。这个标准就是收发双方需要共同遵守的通信协议。

知识点二 单片机串行接口

8051 单片机内部集成了一个可编程全双工通用异步收发（UART）串行接口，不仅可以同时进行数据的收发，也可以作为同步移位寄存器使用，并且能设置各种波特率。

1. 串行接口结构

8051 单片机串行接口结构如图 7-11 所示。它有两个独立的接收、发送 SBUF（特殊功能寄存器），可同时发送、接收数据。发送 SBUF 只能写入，不能读出；接收 SBUF

只能读出，不能写入。两者共用 1 字节地址（99H）。串行接口的控制寄存器有两个：SCON 和 PCON，下面分别介绍。

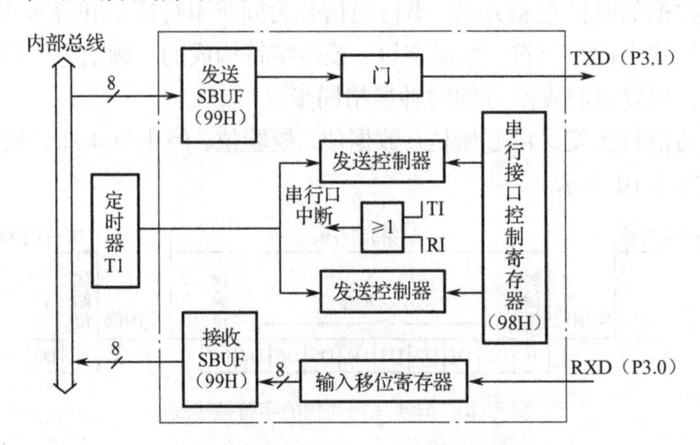

图 7-11　8051 单片机串行接口结构

1）串行接口控制寄存器（SCON）

串行接口控制寄存器（SCON）可以位寻址，字节地址为 98H。单片机复位时，所有位全为 0，其格式如图 7-12 所示。

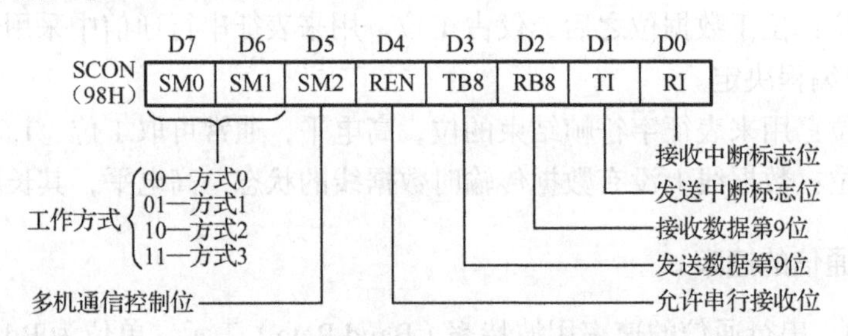

图 7-12　串行接口控制寄存器（SCON）格式

下面对各位的功能加以说明。

SM0、SM1：串行接口 4 种工作方式选择位。2 位编码对应 4 种工作方式，见表 7-1。

表 7-1　串行接口 4 种工作方式

SM0	SM1	工 作 方 式	功　　能	频　　率
0	0	方式 0	8 位同步移位寄存器，用于扩展 I/O 口	fosc/12
0	1	方式 1	10 位帧格式	可变（由定时器控制）
1	0	方式 2	11 位帧格式	fosc/64 或 fosc/32
1	1	方式 3	11 位帧格式	可变（由定时器控制）

SM2：多机通信控制位，用于方式 2 和方式 3。

在方式 2 和方式 3 处于接收状态时，如果 SM2=1，而且接收到的第 9 位数据 RB8 为 0，则不激活 RI。如果 SM2=1，而且 RB8=1，则置 RI=1，产生中断请求，并将接收到的前 8 位数据送到 SBUF。如果 SM2=0，无论接收到的第 9 位 RB8 为 0 还是为 1，

TI、RI 都以正常方式被激活。

在方式 1 时，如果 SM2=1，则只有收到有效的停止位后，RI 置 1。

在方式 0 时，SM2 必须为 0。

REN：允许串行接收位。由软件置 1 或清 0。REN=1 时，允许接收；REN=0 时，禁止接收。

TB8：发送数据第 9 位。在方式 2 和方式 3 中，由软件置位或复位，可作为奇偶校验位。在多机通信中，可作为区别地址帧或数据帧的标识位，一般约定地址帧时 TB8 为 1，约定数据帧时 TB8 为 0。

RB8：接收数据第 9 位。工作在方式 2 和方式 3 时，RB8 存放接收数据的第 9 位；方式 1 时，如果 SM2=0，则 RB8 是接收到的停止位；方式 0 时，不使用 RB8。

TI：发送中断标志位。在方式 0 时，发送完 8 位数据后，由硬件置 1；在其他方式中，在发送停止位之初由硬件置 1。所以，TI 是发送完一帧数据的标志，可以用指令来查询是否发送结束。TI=1 时，也可向 CPU 申请中断，响应中断后都必须由软件清除 TI。

RI：接收中断标志位。在方式 0 时，发送完 8 位数据后，由硬件置 1；在其他方式中，在发送停止位的中间由硬件置 1。同 TI 一样，也可以查询是否接收完一帧数据，RI=1 时，也可申请中断，响应中断后都必须由软件清除 RI。

2）电源及波特率选择寄存器（PCON）

PCON 主要是为 CHMOS 型单片机的电源控制而设置的专用寄存器，不可以位寻址，字节地址为 87H。在 CHMOS 的 8051 单片机中，PCON 除最高位以外其他位都是虚设的，其格式如图 7-13 所示。

PCON(87H)

SMOD	—	—	—	GF1	GF0	PD	IDL

图 7-13 PCON 的格式

与串行通信有关的只有 SMOD 位，即波特率选择位。在方式 1、2、3 时，串行通信的波特率与 SMOD 有关。当 SMOD=1 时，通信波特率乘以 2；当 SMOD=0 时，波特率不变。

2．波特率

波特率可以通过软件设定，4 种工作方式的波特率设置如下。

方式 0 下，波特率为时钟频率的 1/12，即 fosc/12，固定不变。

方式 2 下，波特率取决于 PCON 中的 SMOD 值，当 SMOD=0 时，波特率为 fosc/64；当 SMOD=1 时，波特率为 fosc/32，即

波特率=2SMOD /64 × fosc

方式 1 和方式 3 下，波特率由定时器 T1 的溢出率和 SMOD 共同决定，即

波特率=2SMOD /32 × T1 溢出率

当定时器/计数器 T1 作为波特率发生器使用时，通常工作在模式 2，即自动重装载

的 8 位定时器，这时 TL1 用于计数，自动重装载的值在 TH1 内。设计数的预置值（初始值）为 X，那么每过 256−X 个机器周期，定时器/计数器溢出一次，溢出周期为：12/fosc×（256−X）。

溢出率为溢出周期的倒数，所以

波特率=2SMOD /32×fosc/12（256−X）

表 7-2 列出了各种常用波特率对应的串口设置参数。

表 7-2　常用波特率对应的串口设置参数

工作方式	波特率/kBd	fosc/MHz	SMOD	定时器/计数器 T1	
				模式	初值 X
方式 0	1000	12	—	—	—
方式 2	375	12	1	—	—
方式 1 方式 3	62.5	12	1	2	FFH
	19.2	11.0592	1	2	FDH
	9.6	11.0592	0	2	FDH
	4.8	11.0592	0	2	FAH
	2.4	11.0592	0	2	F4H
	1.2	11.0592	0	2	E8H

例　通过串行口控制 16 个 LED 流水灯。

1）要求

利用单片机串行口扩展并行 I/O 口电路，驱动 16 个 LED，使其逐一点亮，实现流水灯效果。

2）分析

常用串入并出移位寄存器 74LS164 实现单片机串行口的 I/O 扩展。一片 74LS164 可以扩展 8 位并行输出口。系统需要两片 74LS164 级联实现 16 个 LED 的控制。

3）电路

单片机串行口控制 16 个 LED 的电路如图 7-14 所示。

利用 51 单片机的串行口与两片 74LS164 扩展 16 根输出口线，LED 正极连接到+5V 电源，负极通过限流电阻连接到扩展 I/O 端口。当 74LS164 输出为低电平时，相应端口所接 LED 就被点亮。

单片机的 P3.1（TXD）引脚控制两片 74LS164 的时钟输入端 CLK，P3.0（RXD）作为第 1 片 74LS164 的串行数据输入端，第 1 片 74LS164 的并行数据输出端 Q7～Q0 的最高位 Q7 连接到第 2 片 74LS164 的串行数据输入端。这就是 74LS164 的级联方法。清除端 CLR 接+5V，允许数据串行移位并行输出。

4）程序

```
//程序:ex35.c
//功能:串行口控制16个LED流水灯程序
#inciude<REGX51.H>          //包含头文件REGX51.H，定义了51单片机的所有SFR
```

```
}
//函数名:sendbyte
//函数功能：向串口发送一个字符，采用查询方式实现
//形式参数：无符号整型变量i，定义发送的字符
//返回值：无
void sendbyte (unsigned  chari)
{
SBUF=i;                        //发送字符写入SBUE
while (!TI);                   //查询TI是否由0变1
TI=0;                          //TI清0
}
//定义流水灯显示数据
unsigned  chardat[]={0x7f,0xbf,0xdf,0xef,0xf7,0xfb,0xfd,0xfe};
void main()
{
unsigned  chari;
unsigned  int  t;
SCON=0x00;                            //设置串行口工作方式为方式0
while(1){
for(i=0;i<8;i++){                     //第2片74LS164连接的8个灯实现流水
sendbyte (dat[i]);                    //发送第2片74LS164连接的8个灯显示数据
sendbyte(0xff);                       //第1片74LS164连接的8个灯熄灭
for(t=0;t<20000;t++);                 //延时
}
for(i=0;i<8;i++){                     //第1片74LS164连接的8个灯实现流水
sendbyte(0xff);                       //第2片74LS164连接的8个灯熄灭
sendbyte (dat[i]);                    //第1片74LS164连接的8个灯显示数据
for(t=0;t<20000;t++);                 //延时
}
}
}
```

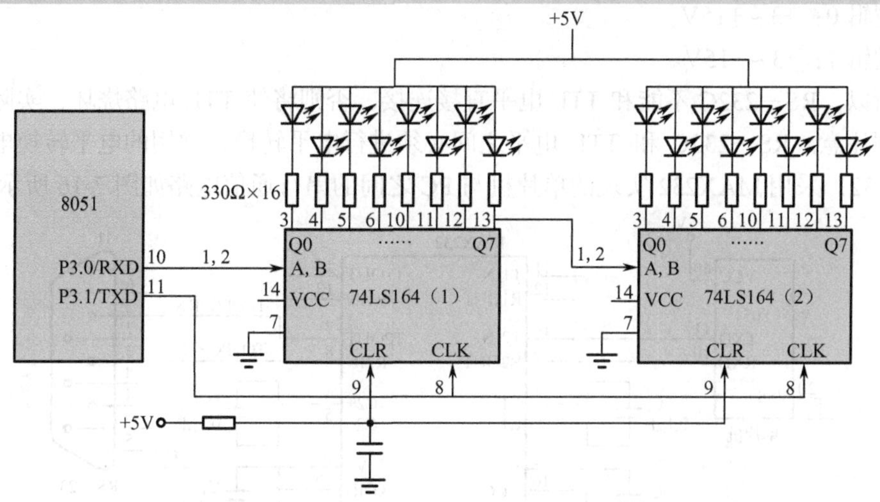

图 7-14　单片机串行口控制 16 个 LED 的电路

程序中，函数 sendbyte()实现向串口发送 1 个字符，采用查询方式。发送过程如下：

把要发送的数据送到发送 SBUF 中启动发送；查询发送中断标志位 TI 是否由 0 变 1，如是则表示发送完成，将 TI 清 0。

知识点三 RS—232C 串行接口

RS—232C 是美国电子工业协会（Electronic Industry Association，EIA）制定的一种串行物理接口标准，广泛用于连接外设计算机串行接口。

1. RS—232C 总线标准

RS—232C 是计算机系统中使用最早、应用最多的一种异步串行通信总线标准。例如，CRT、打印机与 CPU 的通信大都采用 RS—232C 接口，单片机与 PC 的通信也采用 RS—232C 接口。

RS—232C 总线标准为 25 根，可采用标准的 DB—25 和 DB—9 接口。目前计算机只保留了两个 DB—9 接口，DB—9 接口如图 7-15 所示。

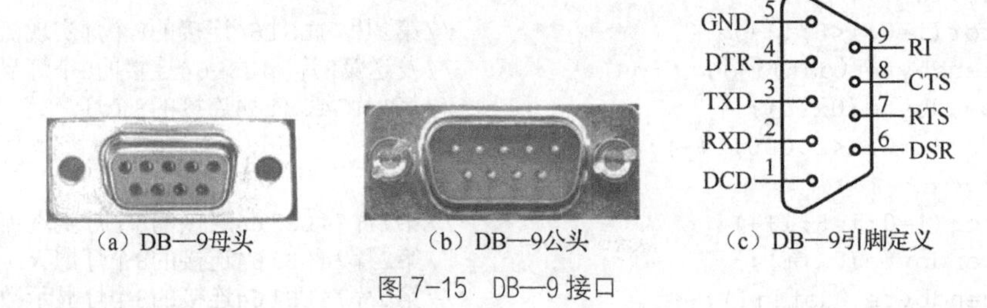

图 7-15 DB—9 接口

2. 电平转换电路

RS—232C 的电气标准采用负逻辑。

逻辑 0：+3 ~ +15V。

逻辑 1：-3 ~ -15V。

所以，RS—232C 不能和 TTL 电平直接连接，否则将使 TTL 电路烧坏，实际应用中必须注意。RS—232C 和 TTL 电平之间必须进行电平转换，常用的电平转换电路为 MAX232，采用 MAX232 实现的单片机与 PC 之间的串行通信电路如图 7-16 所示。

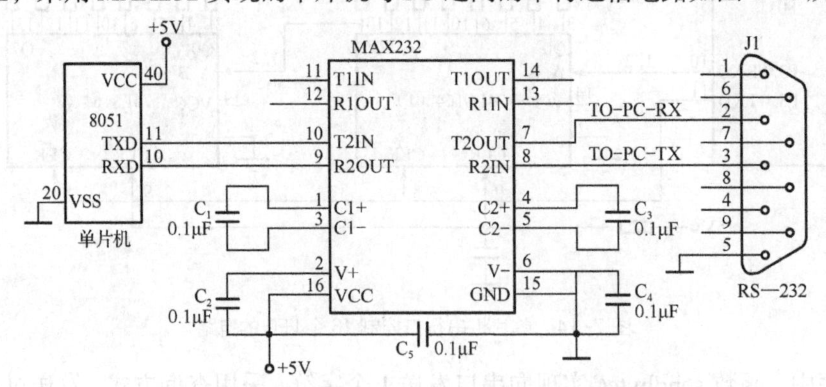

图 7-16 采用 MAX232 实现的单片机与 PC 之间的串行通信电路

项目八

数字温度计的设计与制作——1602 液晶屏

项目情境

液晶显示器（LCD）在各种便携式仪器仪表、智能电器和消费类电子产品等领域有着广泛的应用，它具有功耗低、体积小、质量轻、超薄和可编程驱动等优点，不仅可以显示汉字、数字、字符、图形、曲线等，还可实现屏幕上下左右滚动、闪烁等功能，本项目将通过完成“数字温度计的设计与制作”任务来介绍 1602 液晶屏相关知识。数字温度计如图 8-1 所示。

图 8-1 数字温度计

项目分析

本项目以字符型液晶模块 1602 为例，主要完成以下三个工作任务。

任务一 1602 液晶屏显示字符

任务描述

在 1602 液晶屏上显示两行字符（每个字符的格式为 5×7 点阵），第一行显示“my

telphone:"，第二行显示“10086”。

学习目标

技能目标	1．根据任务要求进行 1602 液晶屏显示字符电路的设计、搭建。 2．根据任务要求对显示电路程序进行编写、调试。
知识目标	1．认识 1602 液晶屏的结构。 2．掌握 1602 液晶屏的控制原理。

一、硬件电路制作

基于模块化的思想，在单片机最小系统的基础上制作 1602 液晶屏显示电路板。

1．元件清单

1602 液晶屏显示电路元件清单见表 8-1。

表 8-1　1602 液晶屏显示电路元件清单

名　称	代　号	型号/规格	数　量
单片机	U1	AT89C51	1
1602 液晶屏	LCD1	LM016L	1
晶振	X1	12MHz	1
瓷片电容	C1、C2	30pF	2
电解电容	C3	22μF	1
复位电阻	R1	2kΩ	1
限流电阻	R2	470Ω	1
直插排阻	RP1	1kΩ×8	1
扬声器	LS1	—	1
轻触开关	—	—	1
IC 插座	—	40 脚	1
排线插针	—	8Pin	4
PCB（或万能板）	—	—	1
焊锡与松香	—	—	若干

2．电路制作

参考图 8-2 在电路板上进行元件布局设计，将元件进行插装和焊接，1602 液晶屏电路板如图 8-3 所示。在制作过程中须注意以下几点。

（1）元件在 PCB 上插装和焊接的顺序是先低后高、先小后大，要求布局合理、整齐美观。

（2）有极性的元件要严格按照极性来安装，不能错装，如电解电容、发光二极管。

（3）焊点要求圆滑、光亮、无毛刺、无假焊、无虚焊，确保机械强度足够，连接可靠。

（4）在万能板的边沿插好导线排插。排插的 8 个引脚与直插排阻的 8 个引脚相连，排阻的公共引脚与 5V 电源引脚相连。

（5）查阅资料详细了解 1602 液晶屏的引脚，并将 1602 液晶屏的数据引脚与排阻对应引脚连接好。

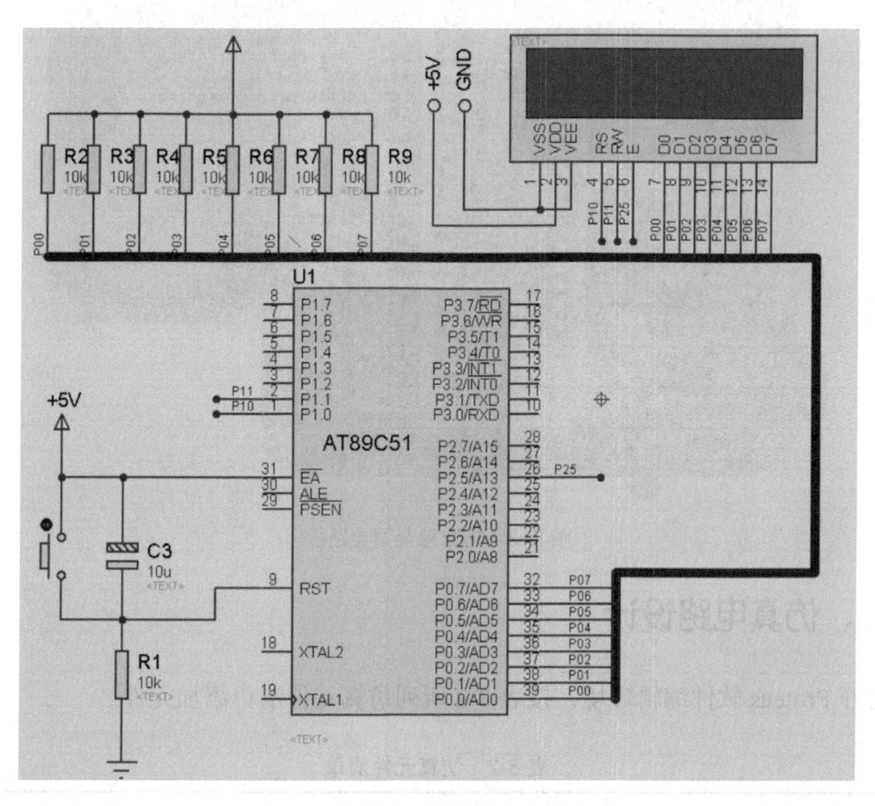

图 8-2　1602 液晶屏显示电路

3. 电路板检查

通电之前，首先用万用表的电阻挡检查电源和地线间是否存在短路现象，检测 IC 插座各引脚对地电阻并记录，分析阻值是否符合电路的设计要求，是否在合理范围内，避免出现短路、开路等电路故障，发现问题需要仔细检查并排除。

通电检查，不插入芯片，检查 IC 插座的电源引脚电压是否为+5V，接地引脚电压是否为 0V。

图 8-3 1602 液晶屏电路板

二、仿真电路设计

打开 Proteus 软件编辑环境，按表 8-2 所列仿真元件清单添加元件。

表 8-2 仿真元件清单

元 件 名 称	所 属 类	所 属 子 类
AT89C51	Microprocessor	8051 Family
CAP	Capacitors	Generic
CAP-ELEC	Capacitors	Generic
CRYSTAL	Miscellaneous	—
RES	Resistors	Generic
LM016L	Optoelectronics	Alphanumeric
RESPACK-8	Resistors	Resistor Packs
POT-HG	Resistors	Variable

元件全部添加后，在 Proteus 软件编辑区域中按图 8-4 连接电路，并修改相应的元件参数。

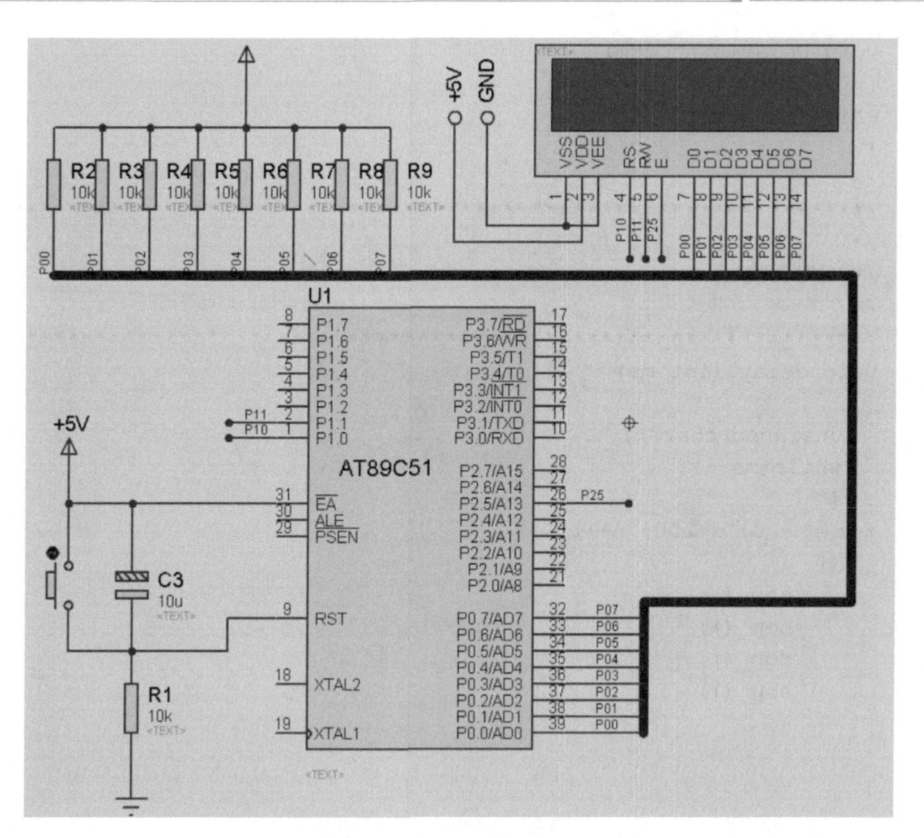

图 8-4　1602 液晶屏显示电路

三、程序设计

```
#include <reg51.h>
#include <intrins.h>

#define uchar unsigned char
#define uint  unsigned int

ucharcode  cdis1[ ] = {"  my telphone:  "};
ucharcode  cdis2[ ] = {"      10086     "};

sbit LCD_RS = P1^0;
sbit LCD_RW = P1^1;
sbit LCD_EN = P2^5;

#define delayNOP(); {_nop_();_nop_();_nop_();_nop_();};

/*********************************************************************/
/*                                                                   */
/* 延时函数                                                          */
/*                                                                   */
/*********************************************************************/
```

```
void Delay(uint num)
{
while( --num );
}

/**********************************************************************/
/*                                                                    */
/* 延时函数1                                                          */
/*                                                                    */
/**********************************************************************/
void delay1(int ms)
{
  unsigned char n;
  while(ms--)
  {
for(n = 0; n<250; n++)
   {
     _nop_();
     _nop_();
     _nop_();
     _nop_();
   }
  }
}

/**********************************************************************/
/*                                                                    */
/*检查LCD忙状态                                                       */
/* lcd_busy为1时忙，等待                                              */
/* lcd-busy为0时闲，可写指令与数据                                    */
/*                                                                    */
/**********************************************************************/
bit lcd_busy()
 {
   bit result;
   LCD_RS = 0;
   LCD_RW = 1;
   LCD_EN = 1;
delayNOP();
   result = (bit)(P0&0x80);
   LCD_EN = 0;
   return(result);
 }

/**********************************************************************/
/*                                                                    */
/*写指令数据到LCD                                                     */
/*RS=L，RW=L，E=高脉冲，D0-D7=指令码                                  */
/*                                                                    */
/**********************************************************************/
```

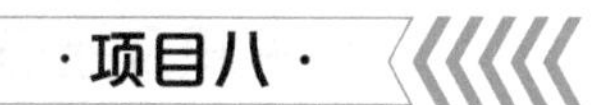


```
void lcd_wcmd(ucharcmd)
{
  while(lcd_busy());
    LCD_RS = 0;
    LCD_RW = 0;
    LCD_EN = 0;
    _nop_();
    _nop_();
    P0 = cmd;
delayNOP();
    LCD_EN = 1;
delayNOP();
    LCD_EN = 0;
Delay(10);
}

/******************************************************************/
/*                                                                */
/*写显示数据到LCD                                                  */
/*RS=H, RW=L, E=高脉冲, D0-D7=数据                                 */
/*                                                                */
/******************************************************************/
void lcd_wdat(uchardat)
{
  while(lcd_busy());
    LCD_RS = 1;
    LCD_RW = 0;
    LCD_EN = 0;
    P0 = dat;
delayNOP();
    LCD_EN = 1;
delayNOP();
    LCD_EN = 0;
Delay(10);
}

/******************************************************************/
/*                                                                */
/*  LCD初始化设定                                                  */
/*                                                                */
/******************************************************************/
void lcd_init()
{
    LCD_RW = 0;
    delay1(15);
lcd_wcmd(0x01);        //清除LCD的显示内容
lcd_wcmd(0x38);        //16×2显示, 5×7点阵, 8位数据
    delay1(5);
lcd_wcmd(0x38);
    delay1(5);
```

```
lcd_wcmd(0x38);
   delay1(5);

lcd_wcmd(0x0c);        //开显示，不显示光标
   delay1(5);

lcd_wcmd(0x01);        //清除LCD的显示内容
   delay1(5);
}

/*****************************************************************/
/*                                                               */
/*  设定显示位置                                                 */
/*                                                               */
/*****************************************************************/

void lcd_pos(uchar pos)
{
lcd_wcmd(pos | 0x80);  //数据指针=80+地址变量
}

/*****************************************************************/
/*                                                               */
/* 主函数                                                        */
/*                                                               */
/*****************************************************************/
main()
{
uchar m;
lcd_init();
while(1)
   {
      lcd_pos(0x00);                //设置显示位置为第1行
         for(m=0;m<16;m++)
         lcd_wdat(cdis1[m]);        //显示字符

         lcd_pos(0x40);             //设置显示位置为第2行
         for(m=0;m<16;m++)
         lcd_wdat(cdis2[m]);        //显示字符
   }
}
```

四、仿真与调试运行

（1）打开 Keil 软件，新建项目，选择 AT89C51 单片机作为 CPU，新建 C 程序源文件，编写程序，并将其添加到“Source Group 1”中。在“Options for Target”对话框中，选中“Output”选项卡中的“Create HEX File”选项和“Debug”选项卡中的“Use：Proteus VSM Simulator”选项。编译 C 源程序，改正程序中出现的错误。

（2）在 Keil 的菜单中选择“Debug”→“Debug/Stop Debug Session”命令，或者直接单击工具栏中的“Debug/Stop Debug Session”图标，进入程序调试环境。按 F5 键，顺序运行程序，调出“Proteus ISIS”界面，观察程序运行结果，1602 液晶屏仿真效果如图 8-5 所示。如有问题，应反复调试，直到仿真成功。

（3）将单片机芯片插入芯片座，连接好计算机和电路板，打开程序烧录软件，将由 Keil 软件生成的 HEX 文件写入单片机。

（4）单片机写入程序后，接通电源，观察系统运行状态是否符合要求。如有问题，应对硬件和软件进行调试。

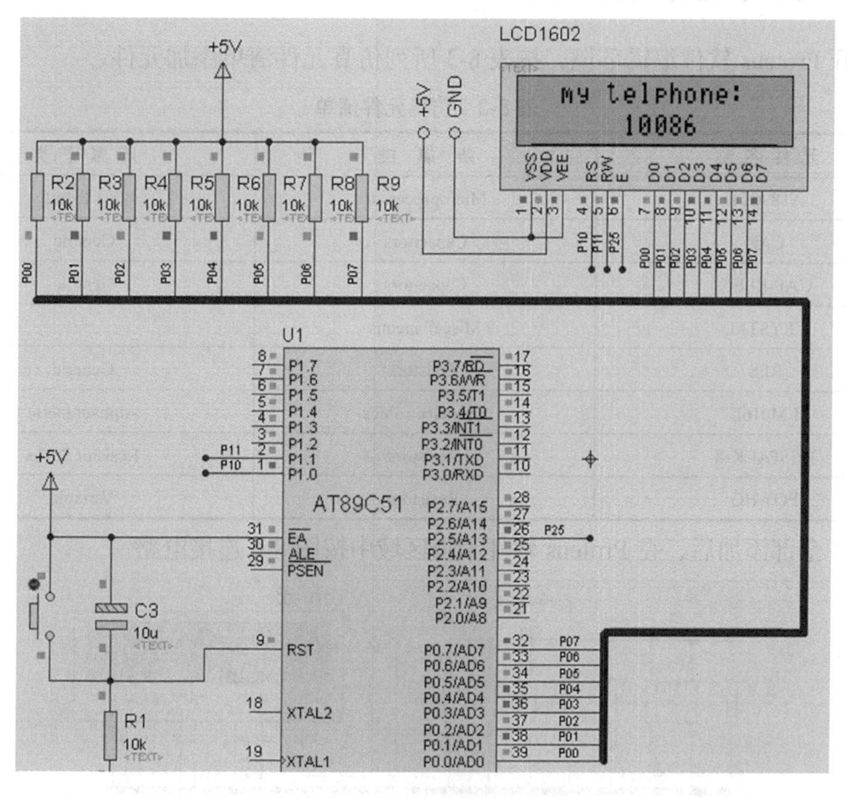

图 8-5　1602 液晶屏仿真效果

任务二　数字温度计的设计与制作

任务描述

在任务一的基础上，增加一个数字测温传感器 DS18B20，将 DS18B20 测得的温度通过 1602 液晶屏显示。

学习目标

技能目标	1．根据任务要求进行数字温度计电路的设计、搭建。 2．根据任务要求进行数字温度计的编程、调试。
知识目标	1．掌握温度传感器 DS18B20 的结构及工作原理。 2．掌握温度传感器 DS18B20 的使用方法。

一、仿真电路设计

打开 Proteus 软件编辑环境，按表 8-3 所列仿真元件清单添加元件。

表 8-3 仿真元件清单

元 件 名 称	所 属 类	所 属 子 类
AT89C51	Microprocessor	8051 Family
CAP	Capacitors	Generic
CAP-ELEC	Capacitors	Generic
CRYSTAL	Miscellaneous	—
RES	Resistors	Generic
LM016L	Optoelectronics	Alphanumeric
RESPACK-8	Resistors	Resistor Packs
POT-HG	Resistors	Variable

元件全部添加后，在 Proteus 软件编辑区域中按图 8-6 连接电路。

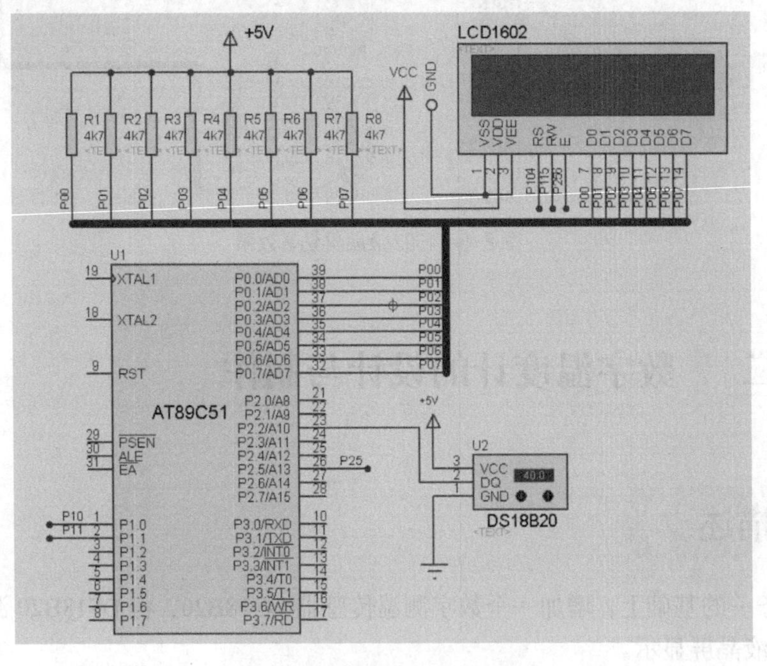

图 8-6 数字温度计仿真电路图

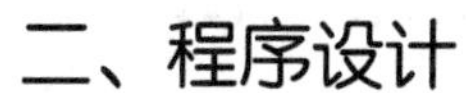

二、程序设计

```
#include <reg51.h>
#include <intrins.h>

#define uchar unsigned char
#define uint  unsigned int

ucharcode  cdis1[ ] = {"Error!Check!  "};
ucharcode  cdis2[ ] = {"xianzaiwendu"};
ucharcode  cdis3[ ] = {"TEMP=    .  Cent"};
uchar code  digit[10]={"0123456789"};      //定义字符数组显示数字

sbit LCD_RS = P1^0;
sbit LCD_RW = P1^1;
sbit LCD_EN = P2^5;

#define delayNOP(); {_nop_();_nop_();_nop_();_nop_();};

/*******************************************************************/
/*                                                                 */
/* 延时函数                                                         */
/*                                                                 */
/*******************************************************************/
void Delay(uint num)
{
while( --num );
}

/*******************************************************************/
/*                                                                 */
/* 延时函数1                                                        */
/*                                                                 */
/*******************************************************************/
void delay1(int ms)
{
  unsigned char n;
  while(ms--)
  {
for(n = 0; n<250; n++)
   {
     _nop_();
     _nop_();
     _nop_();
     _nop_();
   }
  }
}
```

```
/****************************************************************/
/*                                                              */
/*检查LCD忙状态                                                 */
/* lcd_busy为1时忙，等待                                        */
/* lcd-busy为0时闲，可写指令与数据                              */
/*                                                              */
/****************************************************************/
bit lcd_busy()
 {
    bit result;
    LCD_RS = 0;
    LCD_RW = 1;
    LCD_EN = 1;
delayNOP();
    result = (bit)(P0&0x80);
    LCD_EN = 0;
    return(result);
 }

/****************************************************************/
/*                                                              */
/*写指令数据到LCD                                               */
/*RS=L，RW=L，E=高脉冲，D0-D7=指令码                            */
/*                                                              */
/****************************************************************/
void lcd_wcmd(ucharcmd)
{
   while(lcd_busy());
    LCD_RS = 0;
    LCD_RW = 0;
    LCD_EN = 0;
    _nop_();
    _nop_();
    P0 = cmd;
delayNOP();
    LCD_EN = 1;
delayNOP();
    LCD_EN = 0;
Delay(10);
}

/****************************************************************/
/*                                                              */
/*写显示数据到LCD                                               */
/*RS=H，RW=L，E=高脉冲，D0-D7=数据                              */
/*                                                              */
/****************************************************************/
void lcd_wdat(uchardat)
{
   while(lcd_busy());
```

```
    LCD_RS = 1;
    LCD_RW = 0;
    LCD_EN = 0;
    P0 = dat;
delayNOP();
    LCD_EN = 1;
delayNOP();
    LCD_EN = 0;
Delay(10);
}

/*******************************************************************/
/*                                                                 */
/*  LCD初始化设定                                                   */
/*                                                                 */
/*******************************************************************/
void lcd_init()
{
    LCD_RW = 0;
    delay1(15);
lcd_wcmd(0x01);        //清除LCD的显示内容
lcd_wcmd(0x38);        //16×2显示，5×7点阵，8位数据
    delay1(5);
lcd_wcmd(0x38);
    delay1(5);
lcd_wcmd(0x38);
    delay1(5);

lcd_wcmd(0x0c);        //开显示，不显示光标
    delay1(5);

lcd_wcmd(0x01);        //清除LCD的显示内容
    delay1(5);
}
/*******************************************************************/
/*                                                                 */
/*  设定显示位置                                                    */
/*                                                                 */
/*******************************************************************/

void lcd_pos(uchar pos)
{
lcd_wcmd(pos | 0x80);    //数据指针=80+地址变量
}

/*******************************************************************
以下是DS18B20的操作程序
*******************************************************************/
sbit DQ=P2^2;
uchar time;                //设定全局变量，专门用于严格延时
```

```
/****************************************************************/
/*                                                              */
/*函数功能：将DS18B20传感器初始化，读取应答信号                 */
/*出口参数：flag                                                */
/*                                                              */
/****************************************************************/

bit Init_DS18B20(void)
{
 bit flag;    //存储DS18B20是否存在的标志，flag=0表示存在，flag=1表示不存在
 DQ = 1;      //先将数据线拉高
 for(time=0;time<2;time++)     //延时约6μs
     ;
 DQ = 0;          //再将数据线从高拉低，要求保持480～960μs
 for(time=0;time<200;time++)   //延时约600μs
     ;            //向DS18B20发出一持续480～960μs的低电平复位脉冲
 DQ = 1;          //释放数据线（将数据线拉高）
  for(time=0;time<10;time++)
     ; //延时约30μs，释放总线后须等待15～60μs让DS18B20输出存在脉冲
 flag=DQ;         //让带偏激检测是否输出了存在脉冲，DQ=0表示存在
 for(time=0;time<200;time++)   //延时，等待存在脉冲输出完毕
     ;
 return (flag);  //返回检测成功标志
}
/****************************************************************/
/*                                                              */
/*函数功能：从DS18B20读取一字节数据                             */
/*出口参数：dat                                                 */
/*                                                              */
/****************************************************************/
unsigned char ReadOneChar(void)
 {
      unsigned char i=0;
      unsigned char dat;  //存储读出的一字节数据
      for (i=0;i<8;i++)
       {

         DQ =1;       //先将数据线拉高
         _nop_();     //等待一个机器周期
         DQ = 0;      //单片机从DS18B20读数据时，将数据线从高拉低即启动读时序
          dat>>=1;
         _nop_();     //等待一个机器周期
         DQ = 1;  //将数据线“人为”拉高，为单片机检测DS18B20的输出电平做准备
         for(time=0;time<2;time++)
             ;        //延时约6μs，使主机在15μs内采样
      if(DQ==1)
      dat|=0x80;     //如果读到的数据是1，则将1存入dat
         else
             dat|=0x00;  //如果读到的数据是0，则将0存入dat
        //将单片机检测到的电平信号DQ存入r[i]
```

```
        for(time=0;time<8;time++)
          ;              //延时3μs，两个读时序之间必须有大于1μs的恢复期
      }
    return(dat);         //返回读出的十进制数据
  }
/*****************************************************************/
/*                                                               */
/*函数功能：向DS18B20写入一字节数据                                   */
/*出口参数：dat                                                    */
/*                                                               */
/*****************************************************************/
void WriteOneChar(unsigned char dat)
{
    unsigned char i=0;
    for (i=0; i<8; i++)
       {
        DQ =1;           //先将数据线拉高
        _nop_();         //等待一个机器周期
        DQ=0;            //将数据线从高拉低时即启动时序
        DQ=dat&0x01;     //利用与运算取出要写的某位二进制数据
                         //并将其送到数据线上等待DS18B20采样
       for(time=0;time<10;time++)
          ;//延时约30μs，DS18B20在拉低后的15～60μs期间从数据线上采样
        DQ=1;            //释放数据线
        for(time=0;time<1;time++)
            ;//延时3μs，两个写时序间至少需要1μs的恢复期
      dat>>=1;           //将dat中的各二进制位数据右移1位
       }
    for(time=0;time<4;time++)
            ; //稍作延时，给硬件一点反应时间
}

/*****************************************************************
以下是与温度有关的显示设置
*****************************************************************/
/*****************************************************************/
/*                                                               */
/*函数功能：显示没有检测到DS18B20                                    */
/*                                                               */
/*****************************************************************/
void display_error(void)
 {
   lcd_pos(0x00);              //设置显示位置为第一行
   for(m=0;m<16;m++)
lcd_wdat(cdis1[m]);            //显示字符
     while(1)                  //进入死循环，等待查明原因
        ;
}
/*****************************************************************/
/*                                                               */
```

```
/*函数功能：显示第一行说明信息                                           */
/*                                                                        */
/************************************************************************/
void display_explain1(void)
 {
   lcd_pos(0x00);          //设置显示位置为第一行
   for(m=0;m<16;m++)
lcd_wdat(cdis2[m]);        //显示字符
}

/************************************************************************/
/*                                                                        */
/*函数功能：显示第二行说明信息                                           */
/*                                                                        */
/************************************************************************/
void display_explain2(void)
{
     lcd_pos(0x40);        //设置显示位置为第二行
   for(m=0;m<16;m++)
lcd_wdat(cdis3[m]);        //显示字符
}

/************************************************************************/
/*                                                                        */
/*函数功能：显示温度的整数部分                                           */
/*出口参数：x                                                            */
/*                                                                        */
/************************************************************************/
void display_temp1(unsigned char x)
{
 unsigned char j,k,l;      //j,k,l分别存储温度的百位、十位和个位
   j=x/100;                //取百位
   k=(x%100)/10;           //取十位
   l=x%10;                 //取个位
   lcd_pos(0x46);          //从第二行第7位开始显示整数部分
   lcd_wdat(digit[j]);     //显示百位
   lcd_wdat(digit[k]);     //显示十位
   lcd_wdat(digit[l]);     //显示个位
 }
/************************************************************************/
/*                                                                        */
/*函数功能：显示温度的小数部分                                           */
/*出口参数：x                                                            */
/*                                                                        */
/************************************************************************/
 void display_temp2(unsigned char x)
{
   lcd_pos(0x4a);//从第二行第11位开始显示小数部分
   lcd_wdat(digit[x]);
 }
```

```
/*******************************************************************/
/*                                                                 */
/*函数功能：做好读温度的准备                                        */
/*                                                                 */
/*******************************************************************/
void ReadyReadTemp(void)
{
   Init_DS18B20();          //将DS18B20初始化
     WriteOneChar(0xCC); //跳过读序列号的操作
     WriteOneChar(0x44); //启动温度转换
   for(time=0;time<100;time++)
       ;  //温度转换需要一点时间
     Init_DS18B20();        //将DS18B20初始化
     WriteOneChar(0xCC); //跳过读序列号的操作
     WriteOneChar(0xBE); //读取温度寄存器，前两位分别是温度的低位和高位
}
/*******************************************************************/
/*                                                                 */
/* 主函数                                                           */
/*                                                                 */
/*******************************************************************/
main()
{
   uchar TL;                  //存储暂存器的温度低位
uchar TH;                     //存储暂存器的温度高位
uchar TN;                     //存储温度的整数部分
   uchar TD;                  //存储温度的小数部分
lcd_init();                   //LCD初始化
if(Init_DS18B20()==1)         //检测不到DS18B20
   display_error();           //显示检测不到
   display_explain1();        //显示第一行说明信息
   display_explain2();        //显示第二行说明信息
while(1)
   {
         ReadyReadTemp();//读温度准备
     TL=ReadOneChar();        //读温度值低位
       TH=ReadOneChar(); //读温度值高位
       TN=TH*16+TL/16;        //实际温度值=(TH*256+TL)/16，即TH*16+TL/16
                              //这样得出的是温度的整数部分，小数部分被丢弃了
     TD=(TL%16)*10/16;        //计算温度的小数部分，将余数乘以10再除以16取整
                              //这样得到的是温度小数部分的第一位数字（保留1位小数）
     display_temp1(TN);       //显示温度的整数部分
     display_temp2(TD);       //显示温度的小数部分
   delay1(10);
}
}
```

三、仿真与调试运行

（1）打开 Keil 软件，新建项目，选择 AT89C51 单片机作为 CPU，新建 C 程序源文件，编写程序，并将其添加到“Source Group 1”中。在“Options for Target”对话框中，选中“Output”选项卡中的“Create HEX File”选项和“Debug”选项卡中的“Use:Proteus VSM Simulator”选项。编译 C 源程序，改正程序中出现的错误。

（2）在 Keil 的菜单中选择“Debug”→“Debug/Stop Debug Session”命令，或者直接单击工具栏中的“Debug/Stop Debug Session”图标，进入程序调试环境。按 F5 键，顺序运行程序，调出“Proteus ISIS”界面，观察程序运行结果，数字温度计仿真效果图如图 8-7 所示，如有问题，应反复调试，直到仿真成功。

（3）将单片机芯片插入芯片座，连接好计算机和电路板，打开程序烧录软件，将由 Keil 软件生成的 HEX 文件写入单片机。

（4）单片机写入程序后，接通电源，观察系统运行状态是否符合要求。如有问题，应对硬件和软件进行调试。

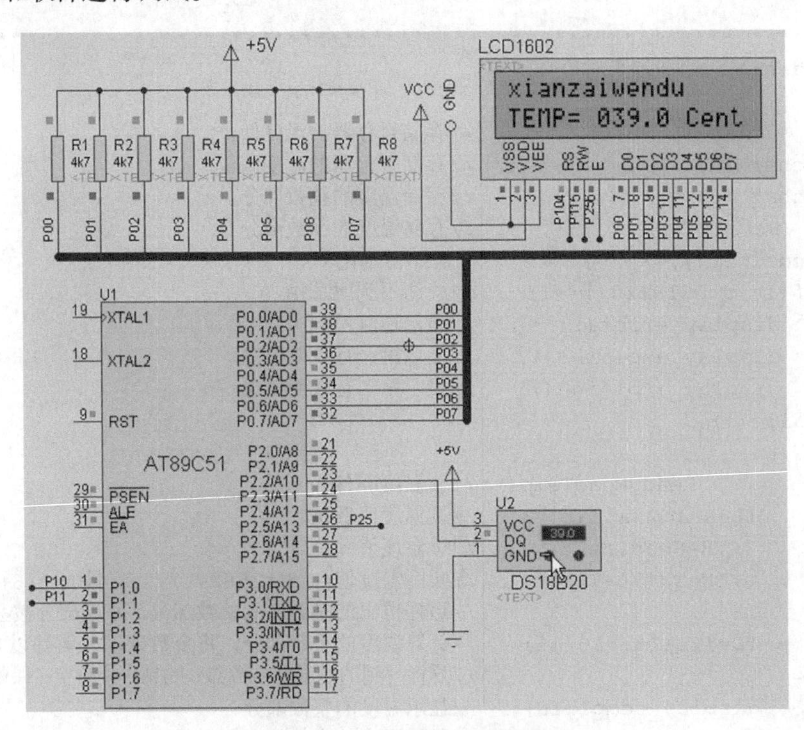

图 8-7　数字温度计仿真效果图

任务三 空调测温系统的设计——D/A 转换器的应用

任务描述

本任务将通过数模转换芯片 DAC0832 来介绍数模转换的工作原理和使用方法。

学习目标

技能目标	1. 根据任务要求对数模转换电路进行设计、搭建。 2. 根据任务要求对数模转换电路进行编程、调试。
知识目标	1. 了解数模转换芯片 DAC0832 的工作原理。 2. 掌握数模转换芯片 DAC0832 的使用方法。

一、仿真电路设计

D/A 转换器的仿真电路如图 8-8 所示。

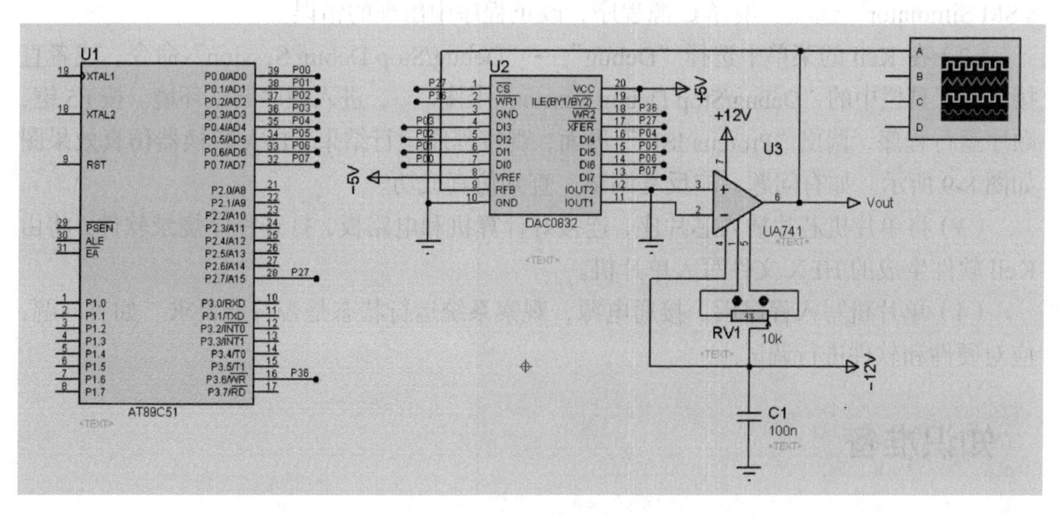

图 8-8 D/A 转换器的仿真电路

二、程序设计

```
#include<reg51.h>
#include<absacc.h>    //包含对片外存储器地址进行操作的头文件
sbit CS=P2^7;         //将CS位定义为P2.7引脚
sbit WR12=P3^6;       //将WR12位定义为P3.6引脚
```

```
/*********************************************************************/
/*                                                                   */
/* 主函数                                                             */
/*                                                                   */
/*********************************************************************/
void main(void)
{
   unsigned char i;
   CS=0;    //选中DAC0832
   WR12=0;  //选中DAC0832
while(1)
     {
       for(i=0;i<255;i++)
        XBYTE[0x7fff]=i;   //将数据i送入片外地址07FFFH
                           //实际上就是通过P0口将数据送入DAC0832
    }
 }
```

三、仿真与调试运行

（1）打开 Keil 软件，新建项目，选择 AT89C51 单片机作为 CPU，新建 C 程序源文件，编写程序，并将其添加到“Source Group 1”中。在“Options for Target”对话框中，选中“Output”选项卡中的“Create HEX File”选项和“Debug”选项卡中的“Use:Proteus VSM Simulator”选项。编译 C 源程序，改正程序中出现的错误。

（2）在 Keil 的菜单中选择“Debug”→“Debug/Stop Debug Session”命令，或者直接单击工具栏中的“Debug/Stop Debug Session”图标，进入程序调试环境。按 F5 键，顺序运行程序，调出“Proteus ISIS”界面，观察程序运行结果，D/A 转换器仿真效果图如图 8-9 所示。如有问题，应反复调试，直到仿真成功。

（3）将单片机芯片插入芯片座，连接好计算机和电路板，打开程序烧录软件，将由 Keil 软件生成的 HEX 文件写入单片机。

（4）单片机写入程序后，接通电源，观察系统运行状态是否符合要求。如有问题，应对硬件和软件进行调试。

知识准备

知识点一　排阻

顾名思义，排阻就是一排电阻。这些电阻具有完全相同的参数。每个电阻的一只引脚连接到一起，作为公共引脚，其他引脚正常引出。通常情况下，最左边的引脚是公共引脚，在排阻上用一个色点标记。

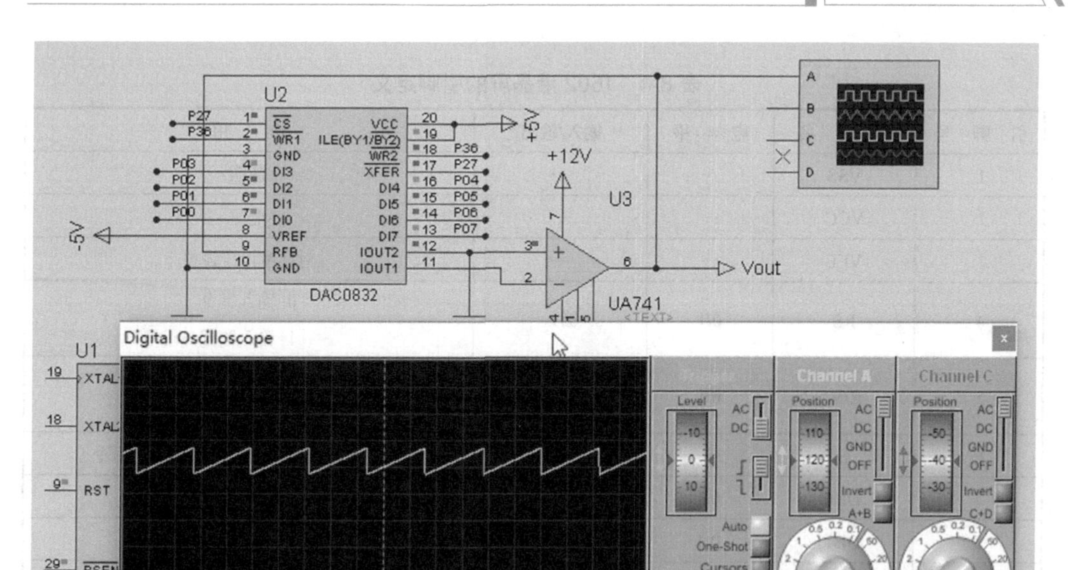

图 8-9　D/A 转换器仿真效果图

排阻有直插式和贴片式两种，常见的排阻是贴片排阻。排阻的阻值与小电容容量的读法相同，从左至右的第一、二位为有效数字，第三位表示前两位数字乘 10 的 N 次方。例如，A 102J、A 103J、A 152J 分别表示阻值为 1kΩ、10kΩ 和 1.5kΩ 的排阻。

知识点二　1602 液晶屏

LCD（Liquid Crystal Display）为液晶显示面板，广泛应用于各种电子产品中。它的驱动电压很低，工作电流极小，可以与 CMOS 电路结合起来组成低功耗系统，其缺点是不耐高温，也不耐低温。

LCD 种类繁多，市面上大多数字符型液晶屏基于日立公司的控制芯片（HD44780）。1602 液晶屏也是基于该芯片的，它由 32 个 5×8 点阵字符位组成，每一个点阵字符位都可以显示一个字符，模块内部固化了已经存储 160 个不同点阵字符图形的字符发生存储器和 8 个可由用户自定义的 5×7 字符发生存储器。

1. 1602 液晶屏引脚定义

1602 液晶屏采用标准的 16 引脚，其引脚定义见表 8-4。

表 8-4　1602 液晶屏的引脚定义

引脚号	引脚名	电平	输入/输出	作用
1	VSS	—	—	接地
2	VCC	—	—	电源
3	VEE	—	—	对比度电压调整
4	RS	0/1	输入	0=输入指令 1=输入数据
5	R/W	0/1	输入	0 表示向 LCD 写入指令或数据 1 表示从 LCD 读取信息
6	E	—	输入	使能信号，1→0（下降沿）执行指令
7	DB0	0/1	输入/输出	数据总线 Line 0（最低线）
8	DB1	0/1	输入/输出	数据总线 Line 1
9	DB2	0/1	输入/输出	数据总线 Line 2
10	DB3	0/1	输入/输出	数据总线 Line 3
11	DB4	0/1	输入/输出	数据总线 Line 4
12	DB5	0/1	输入/输出	数据总线 Line 5
13	DB6	0/1	输入/输出	数据总线 Line 6
14	DB7	0/1	输入/输出	数据总线 Line 7（最高线）
15	A	+VCC	—	LCD 背光电源正极
16	K	接地	—	LCD 背光电源负极

注意：不同厂家产品的引脚定义可能不同，使用前注意查看厂家提供的资料。

2．1602 液晶屏字符显示原理

1602 液晶屏可以显示两行标准字符，每行最多可以显示 16 个字符，显示内容可以是内部常用字符，也可以是自定义字符（单个或多个字符组成的简单汉字、符号、图案等，最多可以显示 8 个自定义字符）。介绍 1602 液晶屏字符显示原理前，首先了解一下字模的概念。

1）字模

计算机文本文件中一个字符用一字节表示，一个汉字用两字节表示。我们能在屏幕上看到文本显示，是因为在操作系统和 BIOS 里已固化了字符字模。字模是用数字来描述字符的形状的信息数据。例如，“A”的字模数据如图 8-10 所示。

图 8-10 左边的数据就是“A”的字模数据，右边是将“A”的二进制数据用符号表示出来（“○”代表 0，“■”代表 1），可以看出表示出来的图形像“A”。如果将“A”的字模数据存储起来并用一个地址表示，则“A”的地址代码是 41H，显示时将 41H 中的字模数据送到显卡去点亮屏幕上相应的点，我们就能看到字母“A”。

01110　○■■■○

10001　■○○○■

10001　■○○○■

10001　■○○○■

11111　■■■■■

10001　■○○○■

10001　■○○○■

图 8-10 “A”的字模数据

2）显示过程

（1）确认显示的位置，在第几行、第几个字符开始显示，即显示的字符地址。

HD44780 内置了 DDRAM、CGRAM 和 CGROM，DDRAM 用来寄存显示字符的字符码，共 80 字节，其地址与屏幕位置对应关系见表 8-5。

表 8-5　DDRAM 地址与屏幕位置对应关系

单行显示模式	字符列地址		1	2	3	…	78	19	80
	DDRAM 地址		00H	01H	02H	…	4DH	4ED	4FH
两行显示模式	字符列地址		1	2	3	…	38	39	40
	DDRAM 地址	1 行	00H	01H	02H	…	25H	26H	27H
		2 行	40H	41H	42H	…	65H	66H	67H

可以看出，一行可有 40 个地址，但 1602 液晶屏每行只能显示 16 个字符，每行对应前 16 个地址，对应关系如图 8-11 所示。

00H	01H	02H	03H	04H	05H	06H	07H	08H	09H	0AH	0BH	0CH	0DH	0EH	0FH
40H	41H	42H	43H	44H	45H	46H	47H	48H	49H	4AH	4BH	4CH	4DH	4EH	4FH

图 8-11　DDRAM 地址与 1602 液晶屏显示位置的对应关系

（2）设置要显示的内容，如显示“A”，将地址代码 41H 写入液晶屏即可显示。1602 液晶屏字模码表见表 8-6。

3. HD44780 的指令集及设置

1602 液晶屏的读写操作、屏幕和光标的操作都是通过指令编程来实现的，其控制器共有 11 条控制指令，见表 8-7。

表 8-6　1602 液晶屏字模码表

Upper 4Bit / Lower 4Bit	0000	0001	0010	0011	0100	0101	0110	0111	1000	1001	1010	1011	1100	1101	1110	1111
xxxx0000	CG RAM (1)			0	@	P	`	p				ー	タ	ミ	α	p
xxxx0001	(2)		!	1	A	Q	a	q			。	ア	チ	ム	ä	q
xxxx0010	(3)		"	2	B	R	b	r			「	イ	ツ	メ	β	θ
xxxx0011	(4)		#	3	C	S	c	s			」	ウ	テ	モ	ε	∞
xxxx0100	(5)		$	4	D	T	d	t			、	エ	ト	ヤ	μ	Ω
xxxx0101	(6)		%	5	E	U	e	u			・	オ	ナ	ユ	σ	ü
xxxx0110	(7)		&	6	F	V	f	v			ヲ	カ	ニ	ヨ	ρ	Σ
xxxx0111	(8)		'	7	G	W	g	w			ァ	キ	ヌ	ラ	g	π
xxxx1000	(1)		(	8	H	X	h	x			ィ	ク	ネ	リ	√	x̄
xxxx1001	(2)		)	9	I	Y	i	y			ゥ	ケ	ノ	ル	⁻¹	y
xxxx1010	(3)		*	:	J	Z	j	z			ェ	コ	ハ	レ	j	千
xxxx1011	(4)		+	;	K	[	k	{			ォ	サ	ヒ	ロ	×	万
xxxx1100	(5)		,	<	L	¥	l	|			ャ	シ	フ	ワ	¢	円
xxxx1101	(6)		-	=	M	]	m	}			ュ	ス	ヘ	ン	£	÷
xxxx1110	(7)		.	>	N	^	n	→			ョ	セ	ホ	゛	ñ	
xxxx1111	(8)		/	?	O	_	o	←			ッ	ソ	マ	゜	ö	█

表 8-7　1602 液晶屏控制指令

指　令	RS	R/W	DB7	DB6	DB5	DB4	DB3	DB2	DB1	DB0
清屏指令	0	0	0	0	0	0	0	0	0	1
光标复位指令	0	0	0	0	0	0	0	0	1	X
光标模式设置指令	0	0	0	0	0	0	0	1	I/D	S
显示开关控制指令	0	0	0	0	0	0	1	D	C	B

续表

指　　令	RS	R/W	DB7	DB6	DB5	DB4	DB3	DB2	DB1	DB0
显示屏或光标移位指令	0	0	0	0	0	1	S/C	R/L	X	X
功能设定指令	0	0	0	0	1	DL	N	F	X	X
设定 CGRAM 地址指令	0	0	0	1	CGRAM 的地址（6 位）					
设定 DDRAM 地址指令	0	0	1	CGRAM 的地址（7 位）						
读取忙信号或AC地址指令	0	1	BF	AC 内容（7 位）						
数据写入 DDRAM 或 CGRAM 指令	1	0	要写入的数据 D7～D0							
从 CGRAM 或 DDRAM 读出数据指令	1	1	要读写的数据 D7～D0							

下面详细说明各条指令的功能。

1）清屏指令

功能：

（1）清除屏幕，将显示缓冲区 DDRAM 的内容全部写入“空白”的 ASCII 码 20H。

（2）光标复位，即将光标放到显示屏的左上角。

（3）地址计数器（AC）清零。

2）光标复位指令

功能：

光标复位，即将光标放到显示屏的左上角。

3）光标模式设置指令

功能：

设定当写入一字节后光标的移位方向，以及每次写入的一个字符是否移动。

（1）当 I/D=1 时，光标从左向右移动；当 I/D=0 时，光标从右向左移动。

（2）当 S=1 时，写入新数据后显示屏整体右移 1 个字符；当 S=0 时，写入新数据后显示屏不移动。

4）显示开关控制指令

功能：

控制液晶屏开/关、光标显示/关闭及光标是否闪烁。

（1）当 D=1 时液晶屏显示，D=0 时液晶屏不显示。

（2）控制光标显示/关闭，当 C=1 时有光标，C=0 时无光标。

（3）控制光标是否闪烁，当 B=1 时光标闪烁，B=0 时光标不闪烁。

5）显示屏或光标移位指令

功能：

使光标或整个显示屏移位，参数设定见表 8-8。

表 8-8　显示屏或光标移位指令参数设定

S/C	R/L	设定情况
0	0	光标左移 1 格，且 AC 值减 1
0	1	光标右移 1 格，且 AC 值加 1
1	0	显示屏上字符全部左移一格，但光标不动
1	1	显示屏上字符全部右移一格，但光标不动

6）功能设定指令

功能：

设定数据总线位数、显示的行数及字型，参数设定见表 8-9。

表 8-9　功能设定指令参数设定

位　名	设　置
DL	0 表示数据总线为 4 位，1 表示数据总线为 8 位
N	0 表示显示 1 行，1 表示显示 2 行
F	0 表示 5×7 点阵/字符，1 表示 5×10 点阵/字符

7）设定 CGRAM 地址指令

功能：

设定下一个要存入数据的 CGRAM 的地址。

8）设定 DDRAM 地址指令

功能：

设定下一个要存入数据的 DDRAM 的地址。

9）读取忙信号或 AC 地址指令

功能：

（1）读取忙标志 BF 的信息，BF=1 表示液晶屏忙，暂时无法接收单片机送来的数据或指令；当 BF=0 时，液晶屏可以接收单片机送来的数据或指令。

（2）读取地址计数器（AC）的内容。

10）数据写入 DDRAM 或 CGRAM 指令

功能：

（1）将字符码写入 DDRAM，以使液晶屏显示相对应的字符。

（2）将用户自定义的图形存入 CGRAM。

11）从 CGRAM 或 DDRAM 读出数据指令

功能：

从 DDRAM 或 CGRAM 当前位置读数据，读出数据时，需要先设定 DDRAM 或 CGRAM 的地址。

温馨提示：液晶屏是一个慢显示器件，所以在执行每条指令之前一定要确定模块是否处于不忙状态（空闲状态），否则此指令失效。

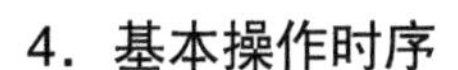

4．基本操作时序

读写操作时序如表 8-10 和图 8-12、图 8-13 所示。

表 8-10　读写操作时序

读状态	输入：RS=L，R/W=H，E=H	输出：DB0～DB7=状态字
写状态	输入：RS=L，R/W=L，E=下降沿脉冲，DB0～DB7=指令码	输出：无
读数据	输入：RS=H，R/W=H，E=H	输出：DB0～DB7=数据
写数据	输入：RS=H，R/W=L，E=下降沿脉冲，DB0～DB7=数据	输出：无

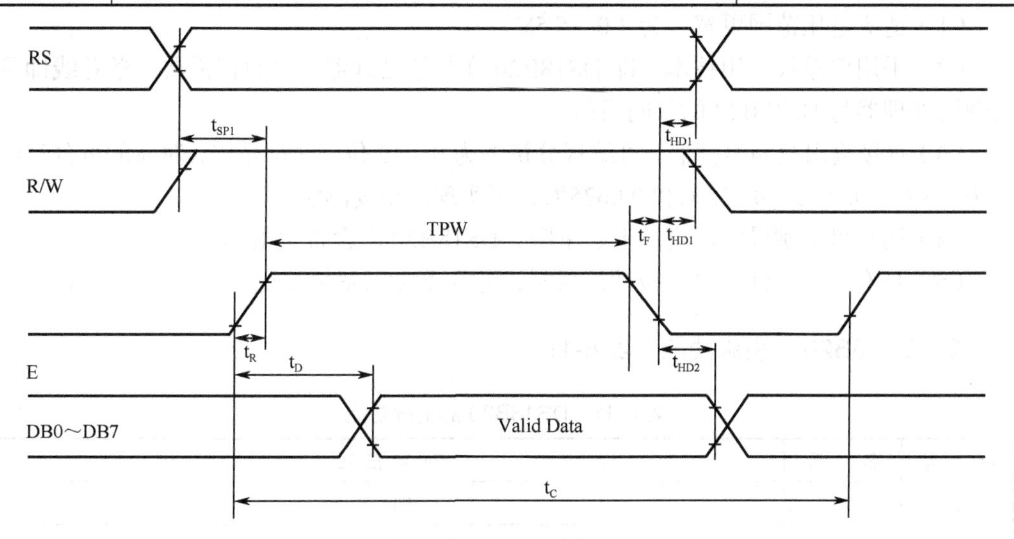

图 8-12　读操作时序

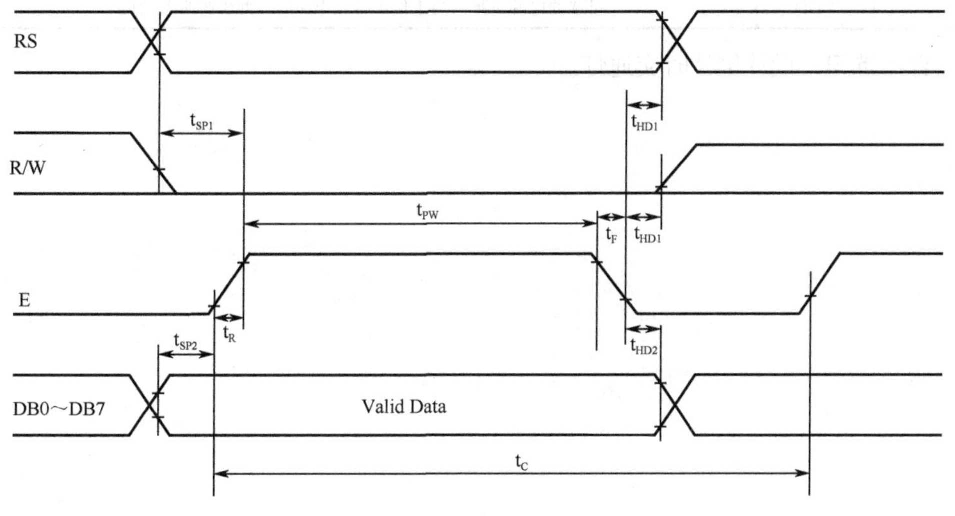

图 8-13　写操作时序

知识点三　温度传感器 DS18B20

DS18B20 是世界上第一个支持“单总线”接口的温度传感器，“单总线”的抗干扰性强，适合于恶劣环境的现场温度测量，可用于多种场合，如高炉水循环测温、锅炉测温、机房测温，其测量温度范围为-55～+125℃，在-10～+85℃范围内，精度为±0.5℃，用户可以根据需要构建经济的测温系统。

1. DS18B20 的性能特点

（1）适应电压范围更宽，为 3.0～5.5V。

（2）采用单总线专用技术，即 DS18B20 在与微处理器连接时仅需要一条总线即可实现微处理器与 DS18B20 的双向通信。

（3）直接输出被测温度值，可编程分辨率为 9～12 位，含符号位，对应的可分辨温度为 0.5℃、0.25℃、0.125℃和 0.0625℃，可实现高精度测温。

（4）用户可分别设定温度的上、下限，DS18B20 内含寄生电源。

（5）具有负压特性，电源极性接反时，芯片不会因发热而烧毁，但不能正常工作。

2. DS18B20 的引脚功能（表 8-11）

表 8-11　DS18B20 的引脚功能

序　号	名　称	功 能 描 述
1	GND	电源地
2	DQ	单总线接口，数据输入/输出引脚。工作于寄生电源时，也可以向器件提供电源
3	VDD	可选的电源引脚，当工作于寄生电源时，此引脚必须接地

课后练习：设计倒计时交通灯。

项目九

计算器的设计与制作——12864 液晶屏

项目情境

日常生活中我们见过各种各样的计算器，这些计算器通常由键盘、显示屏等元件构成，可以完成加、减、乘、除等功能。本项目将通过完成“计算器的设计与制作”任务来介绍 12864 液晶屏的相关知识。计算器如图 9-1 所示。

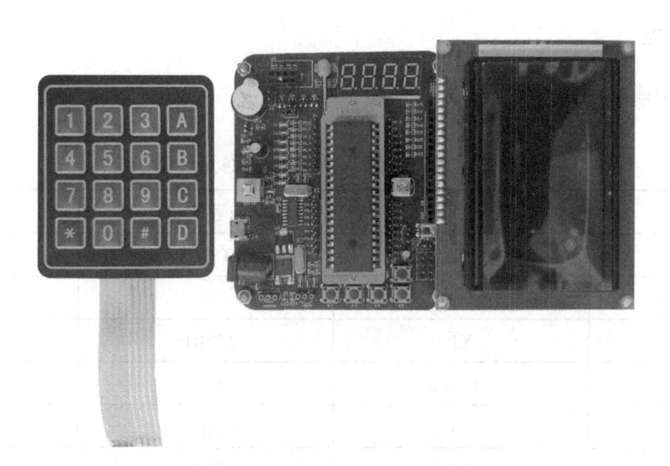

图 9-1 计算器

学习目标

技能目标	1. 掌握 12864 液晶屏显示控制的程序设计方法。 2. 掌握液晶控制电路的连接方法。
知识目标	1. 了解 12864 液晶屏的工作原理。 2. 掌握 12864 液晶屏的使用方法。 3. 熟悉 12864 液晶屏显示控制相关指令。 4. 掌握矩阵键盘的控制原理。

项目分析

本项目以图形点阵显示模块 12864 液晶屏为例，主要完成以下 4 个任务。

任务一 12864 液晶屏显示汉字

制作一块 12864 液晶屏显示电路板，并编写程序在 12864 液晶屏上显示“单片机”三个汉字。

技能目标	1．根据任务要求进行 12864 液晶屏显示电路的设计、搭建。 2．根据任务要求完成 12864 液晶屏显示汉字电路程序的编写、调试。
知识目标	1．了解 12864 液晶屏的工作原理。 2．掌握 12864 液晶屏的使用方法。 3．熟悉 12864 液晶屏显示控制相关指令。

一、硬件电路制作

1．元件清单

12864 液晶屏显示电路元件清单见表 9-1。

表 9-1　12864 液晶屏显示电路元件清单

名　　称	代　　号	型号/规格	数　　量
单片机	U1	AT89C51	1
12864 液晶屏	LCD1	—	1
晶振	X1	12MHz	1
瓷片电容	C1、C2	30pF	2
电解电容	C3	22μF	1
复位电阻	R1	2kΩ	1
限流电阻	R2	470Ω	1
直插排阻	RP1	1kΩ×8	1
轻触开关	—	—	1
IC 插座	—	40 脚	1
排线插针	—	8Pin	4
PCB（或万能板）	—	—	1
焊锡与松香	—	—	若干

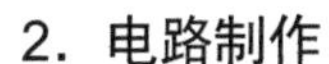

2. 电路制作

参考图 9-2 分别在两块液晶显示电路板上进行元件布局设计，将元件进行插装和焊接，在制作过程中须注意以下几点。

（1）元件在 PCB 上插装和焊接的顺序是先低后高、先小后大，要求布局合理、整齐美观。

（2）有极性的元件要严格按照极性来安装，不能错装，如电解电容、发光二极管。

（3）焊点要求圆滑、光亮、无毛刺、无假焊、无虚焊，确保机械强度足够，连接可靠。

（4）在 PCB 的边沿插好导线排插，排插的 8 个引脚与直插排阻的 8 个引脚相连，排阻的公共引脚与 5V 电源引脚相连。

（5）查阅资料详细了解液晶屏的引脚，并将液晶屏的数据引脚与排阻对应引脚连接好。

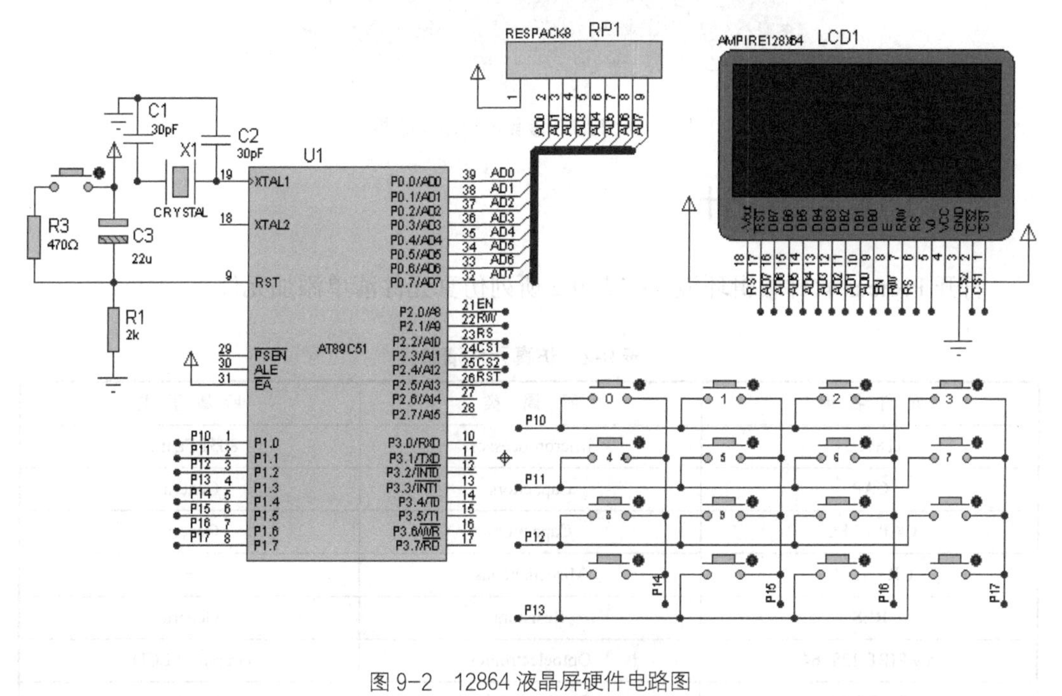

图 9-2 12864 液晶屏硬件电路图

3. 电路板检查

通电之前，首先用万用表的电阻挡检查电源和地线间是否存在短路现象，检测 IC 插座各引脚对地电阻并记录，检查阻值是否符合电路的设计要求，是否在合理范围内，避免出现短路、开路等电路故障，发现问题需要仔细检查并排除。

通电检查，不插入芯片，检查 IC 插座的电源引脚电压是否为+5V，接地引脚电压是否为 0V。

12864 液晶屏显示电路板如图 9-3 所示。

图 9-3　12864 液晶屏显示电路板

二、仿真电路设计

打开 Proteus 软件编辑环境，按表 9-2 所列仿真元件清单添加元件。

表 9-2　仿真元件清单

元件名称	所属类	所属子类
AT89C51	Microprocessor	8051 Family
CAP	Capacitors	Generic
CAP-ELEC	Capacitors	Generic
CRYSTAL	Miscellaneous	—
RES	Resistors	Generic
AMPIRE 128×64	Optoelectronics	Graphical LCDs
BUTTON	Swiches&Relay	Swiches
RESPACK-8	Resistors	Resistor Packs

元件全部添加后，在 Proteus 软件编辑区域中按图 9-4 连接仿真电路。

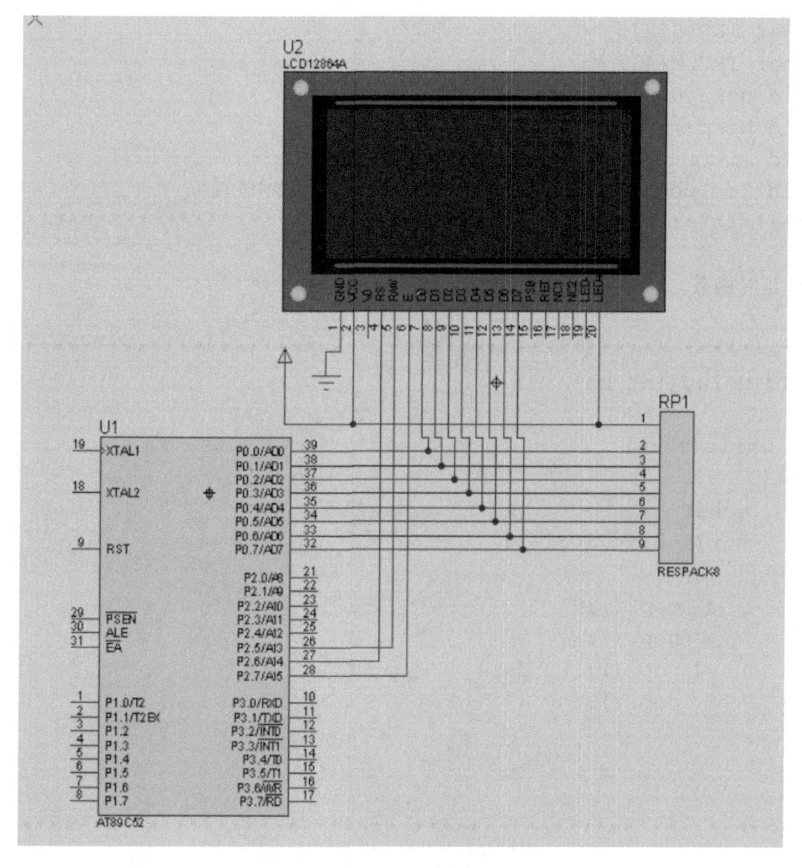

图 9-4　12864 液晶屏显示仿真电路

三、程序设计

```
//*****************************************************************
//12864 液晶屏显示汉字
//*****************************************************************
#include <reg51.h>
#include <intrins.h>

#define uchar unsigned char
#define uint  unsigned int
/*12864端口定义*/
#define LCD_data  P0                //数据口
sbit LCD_RS  =  P2^6;               //寄存器选择输入
sbit LCD_RW  =  P2^5;               //液晶读/写控制
sbit LCD_EN  =  P2^7;               //液晶使能控制
sbit LCD_PSB =  P1^2;               //串/并方式控制
sbit di=P3^3;

uchar code dis1[] = {"单片机"};

#define delayNOP(); {_nop_();_nop_();_nop_();_nop_();};
```

```
uchar IRDIS[2];
uchar IRCOM[4];
void delay0(uchar x);  //x*0.14ms
void beep();
void  dataconv();
void lcd_pos(uchar X,uchar Y);  //确定显示位置
/************************************************************/
/*                                                          */
/* 延时函数                                                  */
/*                                                          */
/************************************************************/
void delay(int ms)
{
   while(ms--)
   {
     uchar i;
     for(i=0;i<250;i++)
         {
         _nop_();
         _nop_();
         _nop_();
         _nop_();
         }
   }
}
/************************************************************/
/*                                                          */
/*检查LCD忙状态                                              */
/*lcd_busy为1时忙，等待。lcd_busy为0时闲，可写指令与数据         */
/*                                                          */
/************************************************************/
bit lcd_busy()
 {
    bit result;
    LCD_RS = 0;
    LCD_RW = 1;
    LCD_EN = 1;
 delayNOP();
    result = (bit)(P0&0x80);
    LCD_EN = 0;
    return(result);
 }
/************************************************************/
/*                                                          */
/*写指令数据到LCD                                            */
/*RS=L，RW=L，E=高脉冲，D0-D7=指令码                          */
/*                                                          */
/************************************************************/
void lcd_wcmd(uchar cmd)
 {
```

```
   while(lcd_busy());
    LCD_RS = 0;
    LCD_RW = 0;
    LCD_EN = 0;
    _nop_();
    _nop_();
    P0 = cmd;
delayNOP();
    LCD_EN = 1;
delayNOP();
    LCD_EN = 0;
}
/*****************************************************************/
/*                                                               */
/*写显示数据到LCD                                                  */
/*RS=H，RW=L，E=高脉冲，D0-D7=数据                                  */
/*                                                               */
/*****************************************************************/
void lcd_wdat(uchar dat)
{
   while(lcd_busy());
    LCD_RS = 1;
    LCD_RW = 0;
    LCD_EN = 0;
    P0 = dat;
delayNOP();
    LCD_EN = 1;
delayNOP();
    LCD_EN = 0;
}
/*****************************************************************/
/*                                                               */
/*  LCD初始化设定                                                  */
/*                                                               */
/*****************************************************************/
void lcd_init()
{
   LCD_PSB = 1;                 //并口方式
   lcd_wcmd(0x34);              //扩充指令操作
delay(5);
   lcd_wcmd(0x30);              //基本指令操作
delay(5);
   lcd_wcmd(0x0C);              //显示开，关光标
delay(5);
   lcd_wcmd(0x01);              //清除LCD的显示内容
delay(5);
}
/*****************************************************************/
/*                                                               */
/* 主程序                                                         */
```

```
/*                                                                    */
/**********************************************************************/
main()
 {
   uchar i;
   delay(10);                        //延时
   //di=1;
   lcd_init();                       //初始化LCD

   lcd_pos(1,3);                     //设置显示位置为第二行的第4个字符
    i = 0;
   while(dis1[i] != '\0')
    {                                //显示字符
      lcd_wdat(dis1[i]);
      i++;
    }
 while(1);
 }
/**********************************************************************/
/*                                                                    */
/* 延时x*0.14ms子程序                                                  */
/*                                                                    */
/**********************************************************************/
void delay0(uchar x)            //x*0.14ms
{
  uchar i;
  while(x--)
 {
  for (i = 0; i<13; i++) {}
 }
}
/**********************************************************************/
/*                                                                    */
/* 设定显示位置                                                        */
/*                                                                    */
/**********************************************************************/
void lcd_pos(uchar X,uchar Y)
{
uchar  pos;
   if (X==0)
     {X=0x80;}
   else if (X==1)
     {X=0x90;}
   else if (X==2)
     {X=0x88;}
   else if (X==3)
     {X=0x98;}
   pos = X+Y ;
   lcd_wcmd(pos);     //显示地址
 }
```

四、仿真与调试运行

（1）打开 Keil 软件，新建项目，选择 AT89C51 单片机作为 CPU，新建 C 程序源文件，编写程序，并将其添加到“Source Group 1”中。在“Options for Target”对话框中，选中“Output”选项卡中的“Create HEX File”选项和“Debug”选项卡中的“Use：Proteus VSM Simulator”选项。编译 C 源程序，改正程序中出现的错误。

（2）在 Keil 的菜单中选择“Debug”→“Debug/Stop Debug Session”命令，或者直接单击工具栏中的“Debug/Stop Debug Session”图标，进入程序调试环境。按 F5 键，顺序运行程序，调出“Proteus ISIS”界面，观察程序运行结果，12864 液晶屏显示仿真效果如图 9-5 所示，如有问题，应反复调试，直到仿真成功。

（3）将单片机芯片插入芯片座，连接好计算机和电路板，打开程序烧录软件，将由 Keil 软件生成的 HEX 文件写入单片机。

（4）单片机写入程序后，接通电源，观察系统运行状态是否符合要求。如有问题，应对硬件和软件进行调试。

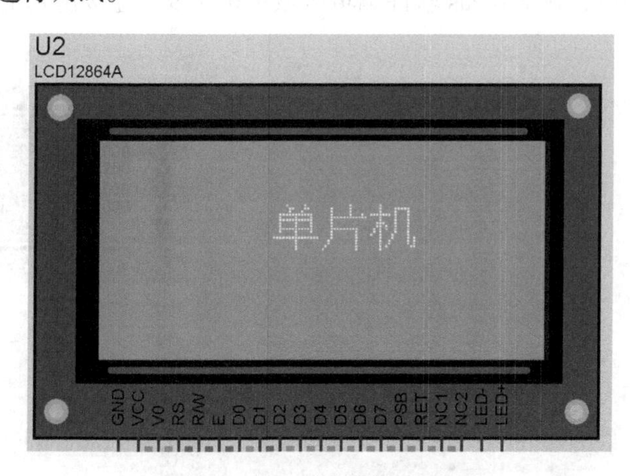

图 9-5　12864 液晶屏显示仿真效果

任务二　4×4 矩阵键盘控制液晶屏显示字符

在任务一的基础上增加矩阵键盘，当按下 4×4 矩阵键盘的数字键（0～9）和字母键（A～F）时，在 12864 液晶屏上显示相应的字符。

技能目标	1. 根据任务要求进行矩阵键盘显示电路的设计、搭建。 2. 根据任务要求进行矩阵键盘显示电路程序的编写、调试。
知识目标	1. 掌握矩阵键盘的工作原理。 2. 掌握 C 语言中选择语句 switch-case 的用法。

一、仿真电路设计

打开 Proteus 软件编辑环境，按表 9-3 所列仿真元件清单添加元件。

表 9-3　仿真元件清单

元 件 名 称	所 属 类	所 属 子 类
AT89C51	Microprocessor ICs	8051 Family
CAP	Capacitors	Generic
CAP-ELEC	Capacitors	Generic
CRYSTAL	Miscellaneous	—
RES	Resistors	Generic
AMPIRE 128864	Optoelectronics	Graphical LCDs
BUTTON	Swiches&Relay	Swiches
RESPACK-8	Resistors	Resistor Packs

元件全部添加后，在 Proteus 软件编辑区域中按图 9-6 连接仿真电路。

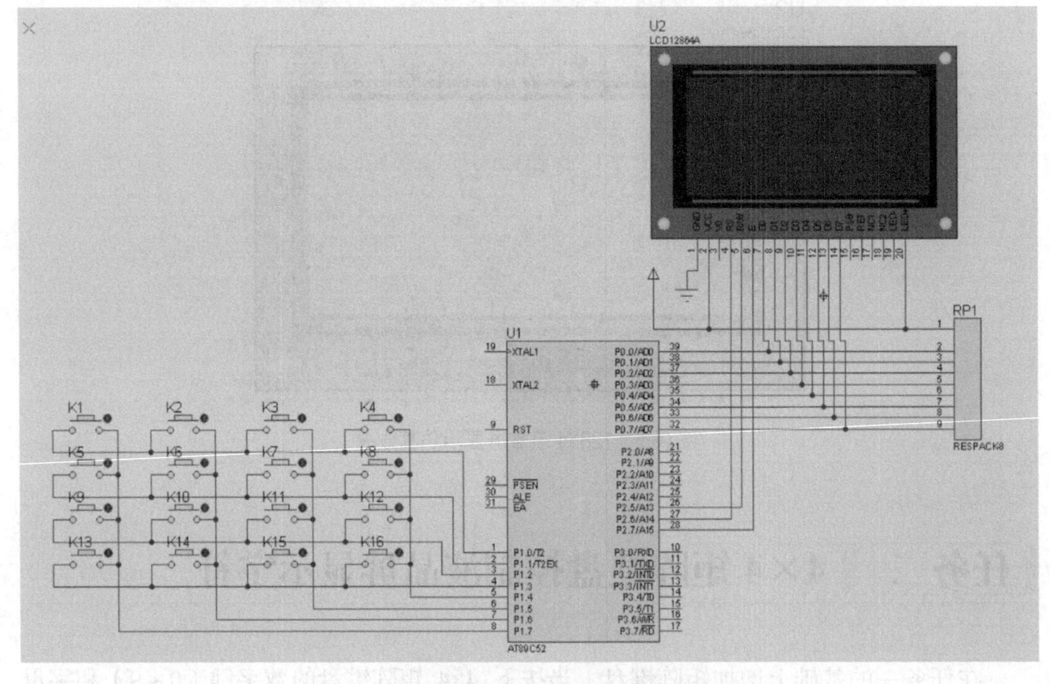

图 9-6　4×4 矩阵键盘控制液晶屏显示仿真电路图

二、程序设计

```
#include <reg51.h>
#include <intrins.h>
```

```
#define uchar unsigned char
#define uint  unsigned int
/*12864端口定义*/
#define LCD_data  P0          //数据口
sbit LCD_RS  =  P2^6;         //寄存器选择输入
sbit LCD_RW  =  P2^5;         //液晶读/写控制
sbit LCD_EN  =  P2^7;         //液晶使能控制
sbit LCD_PSB =  P1^2;         //串/并方式控制

sbit P14    =  P1^4;          //定义P1.4引脚
sbit P15    =  P1^5;          //定义P1.5引脚
sbit P16    =  P1^6;          //定义P1.6引脚
sbit P17    =  P1^7;          //定义P1.7引脚

uchar keyval=16;
uchar code dis1[] = {"显示数字"};
uchar code dis2[] = {"显示字母"};
uchar code dis3[] = {"0123456789ABCDEF "};

#define delayNOP(); {_nop_();_nop_();_nop_();_nop_();};
uchar IRDIS[2];
uchar IRCOM[4];
void delay0(uchar x);  //x*0.14ms
void  dataconv();
void lcd_pos(uchar X,uchar Y);  //确定显示位置
/*******************************************************************/
/*                                                                 */
/* 延时函数                                                        */
/*                                                                 */
/*******************************************************************/
void delay(int ms)
{
   while(ms--)
   {
      uchar i;
      for(i=0;i<250;i++)
      {
         _nop_();
         _nop_();
         _nop_();
         _nop_();
      }
   }
}
/*******************************************************************/
/*                                                                 */
/*检查LCD忙状态                                                    */
/*lcd_busy为1时忙，等待。lcd_busy为0时闲，可写指令与数据           */
/*                                                                 */
/*******************************************************************/
```

```
bit lcd_busy()
 {
    bit result;
    LCD_RS = 0;
    LCD_RW = 1;
    LCD_EN = 1;
delayNOP();
    result = (bit)(P0&0x80);
    LCD_EN = 0;
    return(result);
 }
/*******************************************************************/
/*                                                                 */
/*写指令数据到LCD                                                   */
/*RS=L, RW=L, E=高脉冲, D0-D7=指令码                                */
/*                                                                 */
/*******************************************************************/
void lcd_wcmd(uchar cmd)
{
   while(lcd_busy());
    LCD_RS = 0;
    LCD_RW = 0;
    LCD_EN = 0;
    _nop_();
    _nop_();
    P0 = cmd;
delayNOP();
    LCD_EN = 1;
delayNOP();
    LCD_EN = 0;
}
/*******************************************************************/
/*                                                                 */
/*写显示数据到LCD                                                   */
/*RS=H, RW=L, E=高脉冲, D0-D7=数据                                  */
/*                                                                 */
/*******************************************************************/
void lcd_wdat(uchar dat)
{
   while(lcd_busy());
    LCD_RS = 1;
    LCD_RW = 0;
    LCD_EN = 0;
    P0 = dat;
delayNOP();
    LCD_EN = 1;
delayNOP();
    LCD_EN = 0;
 }
/*******************************************************************/
```

```
/*                                                                  */
/*  LCD初始化设定                                                    */
/*                                                                  */
/********************************************************************/
void lcd_init()
{

   LCD_PSB = 1;              //并口方式

   lcd_wcmd(0x34);           //扩充指令操作
delay(5);
   lcd_wcmd(0x30);           //基本指令操作
delay(5);
   lcd_wcmd(0x0C);           //显示开，关光标
delay(5);
   lcd_wcmd(0x01);           //清除LCD的显示内容
delay(5);
}
/********************************************************************/
/*                                                                  */
/*  键盘扫描                                                         */
/*                                                                  */
/********************************************************************/
void scan()
{
     P1=0xf0;                //所有行线置为低电平“0”，所有列线置为高电平“1”
   if((P1&0xf0)!=0xf0)       //列线中有一位为低电平“0”，说明有按键按下
     delay(10);              //延时一段时间、软件消抖
   if((P1&0xf0)!=0xf0)       //确实有按键按下
    {
       P1=0xfe;              //第一行置为低电平“0”（P1.0输出低电平“0”）
       if(P14==0)            //如果检测到接P1.4引脚的列线为低电平“0”
           keyval=1;         //可判断K1按键被按下
       if(P15==0)            //如果检测到接P1.5引脚的列线为低电平“0”
           keyval=2;         //可判断K2按键被按下
       if(P16==0)            //如果检测到接P1.6引脚的列线为低电平“0”
           keyval=3;         //可判断K3按键被按下
       if(P17==0)            //如果检测到接P1.7引脚的列线为低电平“0”
           keyval=10;        //可判断K4按键被按下

         P1=0xfd;            //第二行置为低电平“0”（P1.0输出低电平“0”）
      if(P14==0)             //如果检测到接P1.4引脚的列线为低电平“0”
           keyval=4;         //可判断K5按键被按下
         if(P15==0)          //如果检测到接P1.5引脚的列线为低电平“0”
           keyval=5;         //可判断K6按键被按下
         if(P16==0)          //如果检测到接P1.6引脚的列线为低电平“0”
           keyval=6;         //可判断K7按键被按下
         if(P17==0)          //如果检测到接P1.7引脚的列线为低电平“0”
           keyval=11;        //可判断K8按键被按下
```

```
            P1=0xfb;              //第三行置为低电平“0”（P1.0输出低电平“0”）
        if(P14==0)                //如果检测到接P1.4引脚的列线为低电平“0”
              keyval=7;           //可判断K9按键被按下
            if(P15==0)            //如果检测到接P1.5引脚的列线为低电平“0”
              keyval=8;           //可判断K10按键被按下
            if(P16==0)            //如果检测到接P1.6引脚的列线为低电平“0”
              keyval=9;           //可判断K11按键被按下
            if(P17==0)            //如果检测到接P1.7引脚的列线为低电平“0”
              keyval=12;          //可判断K12按键被按下

            P1=0xf7;              //第四行置为低电平“0”（P1.0输出低电平“0”）
        if(P14==0)                //如果检测到接P1.4引脚的列线为低电平“0”
              keyval=14;          //可判断K13按键被按下
            if(P15==0)            //如果检测到接P1.5引脚的列线为低电平“0”
              keyval=0;           //可判断K14按键被按下
            if(P16==0)            //如果检测到接P1.6引脚的列线为低电平“0”
              keyval=15;          //可判断K15按键被按下
            if(P17==0)            //如果检测到接P1.7引脚的列线为低电平“0”
              keyval=13;          //可判断K16按键被按下
                 }
}
/*********************************************************************/
/*                                                                   */
/* 主程序                                                            */
/*                                                                   */
/*********************************************************************/
main()
 {
   uchar i;
//delay(10);                            //延时
   lcd_init();                          //初始化LCD

 lcd_pos(0,0);                          //设置显示位置为第1行的第1个字符
    i = 0;
   while(dis1[i] != '\0')
    {                                   //显示字符
      lcd_wdat(dis1[i]);
      i++;
    }

   lcd_pos(1,0);                        //设置显示位置为第2行的第1个字符
    i = 0;
   while(dis2[i] != '\0')
    {                                   //显示字符
      lcd_wdat(dis2[i]);
      i++;
    }
 while(1)
 {
     scan();
```

```
        if(keyval<10)       //在第一行显示数字
            {
                lcd_pos(0,5);lcd_wdat(dis3[keyval]);
                lcd_pos(1,5);lcd_wdat(dis3[16]);
            }
        else                //在第二行显示字母
            {
                lcd_pos(0,5);lcd_wdat(dis3[16]);
                lcd_pos(1,5);lcd_wdat(dis3[keyval]);
            }
    }
}
/*****************************************************************/
/*                                                               */
/* 延时x*0.14ms子程序                                            */
/*                                                               */
/*****************************************************************/
void delay0(uchar x)          //x*0.14ms
{
  uchar i;
  while(x--)
 {
  for (i = 0; i<13; i++) {}
 }
}
/*****************************************************************/
/*                                                               */
/* 设定显示位置                                                  */
/*                                                               */
/*****************************************************************/
void lcd_pos(uchar X,uchar Y)
{
uchar  pos;
   if (X==0)
     {X=0x80;}
   else if (X==1)
     {X=0x90;}
   else if (X==2)
     {X=0x88;}
   else if (X==3)
     {X=0x98;}
   pos = X+Y ;
   lcd_wcmd(pos);     //显示地址
}
```

三、仿真与调试运行

（1）打开 Keil 软件，新建项目，选择 AT89C51 单片机作为 CPU，新建 C 程序源文件，编写程序，并将其添加到“Source Group 1”中。在“Options for Target”对话框中，选中“Output”选项卡中的“Create HEX File”选项和“Debug”选项卡中的“Use：Proteus VSM Simulator”选项。编译 C 源程序，改正程序中出现的错误。

（2）在 Keil 的菜单中选择“Debug”→“Debug/Stop Debug Session”命令，或者直接单击工具栏中的“Debug/Stop Debug Session” 图标，进入程序调试环境，按 F5 键，顺序运行程序，调出“Proteus ISIS”界面，观察程序运行结果，4×4 矩阵键盘控制液晶屏显示仿真效果图如图 9-7 所示，如有问题，应反复调试，直到仿真成功。

（3）将单片机芯片插入芯片座，连接好计算机和电路板，打开程序烧录软件，将由 Keil 软件生成的 HEX 文件写入单片机。

（4）单片机写入程序后，接通电源，观察系统运行状态是否符合要求，如有问题，应对硬件和软件进行调试。

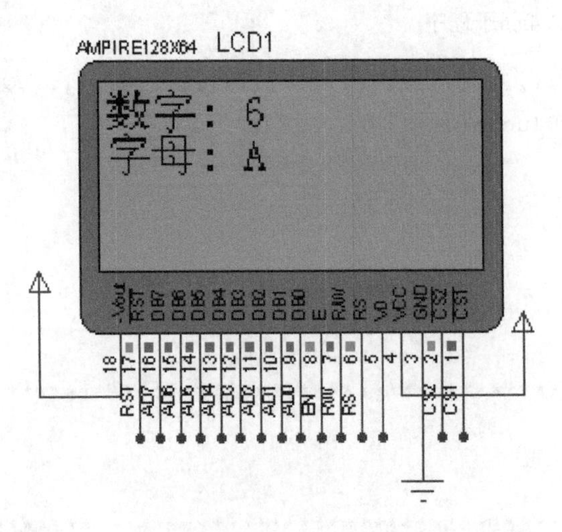

图 9-7　4×4 矩阵键盘控制液晶屏显示仿真效果图

任务三　计算器的设计与制作

任务描述

在任务二的基础上，编写程序实现计算器的功能。

学习目标

技能目标	根据任务要求编写、调试计算器程序。
知识目标	掌握多个模块程序嵌套使用的方法。

一、仿真电路设计

打开 Proteus 软件编辑环境，按表 9-4 所列仿真元件清单添加元件。

表 9-4　仿真元件清单

元 件 名 称	所 属 类	所 属 子 类
AT89C51	Microprocessor ICs	8051 Family
CAP	Capacitors	Generic
CAP-ELEC	Capacitors	Generic
CRYSTAL	Miscellaneous	—
RES	Resistors	Generic
AMPIRE 128864	Optoelectronics	Graphical LCDs
BUTTON	Swiches&Relay	Swiches
RESPACK-8	Resistors	Resistor Packs

元件全部添加后，在 Proteus 软件编辑区域中按图 9-8 连接仿真电路。

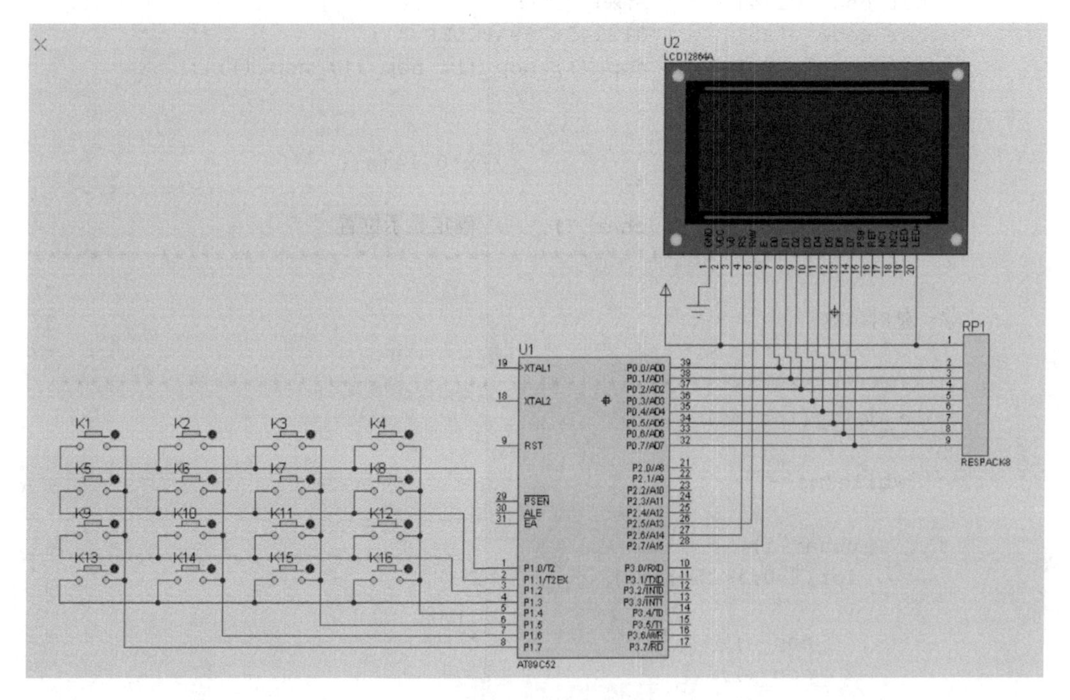

图 9-8　计算器仿真电路

二、程序设计

```
#include <reg51.h>
#include <intrins.h>
```

```
#define uchar unsigned char
#define uint  unsigned int
/*12864端口定义*/
#define LCD_data  P0             //数据口
sbit LCD_RS  =  P2^6;            //寄存器选择输入
sbit LCD_RW  =  P2^5;            //液晶读/写控制
sbit LCD_EN  =  P2^7;            //液晶使能控制
sbit LCD_PSB =  P1^2;            //串/并方式控制

sbit P14    =  P1^4;             //定义P1.4引脚
sbit P15    =  P1^5;             //定义P1.5引脚
sbit P16    =  P1^6;             //定义P1.6引脚
sbit P17    =  P1^7;             //定义P1.7引脚

uchar keyval=16;
uchar xs=0;

uchar code dis1[] = {"计算器"};
uchar code dis2[] = {"num1:        "};
uchar code dis3[] = {"num2:        "};
uchar code dis4[] = {"结果:   "};
uchar code dis5[] = {"0123456789ABCDEF "};
#define delayNOP(); {_nop_();_nop_();_nop_();_nop_();};
uchar IRDIS[2];
uchar IRCOM[4];
void delay0(uchar x);               //x*0.14ms
void  dataconv();
void lcd_pos(uchar X,uchar Y);   //确定显示位置
/**********************************************************************/
/*                                                                    */
/* 延时函数                                                           */
/*                                                                    */
/**********************************************************************/
void delay(int ms)
{
    while(ms--)
    {
        uchar i;
        for(i=0;i<250;i++)
        {
          _nop_();
          _nop_();
          _nop_();
          _nop_();
        }
    }
}
/**********************************************************************/
/*                                                                    */
/*检查LCD忙状态                                                       */
```

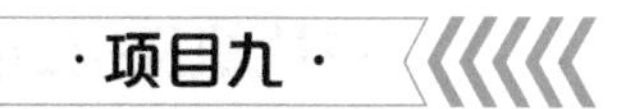


```
/*lcd_busy为1时忙，等待。lcd_busy为0时闲，可写指令与数据                 */
/*                                                                        */
/************************************************************************/
bit lcd_busy()
 {
    bit result;
    LCD_RS = 0;
    LCD_RW = 1;
    LCD_EN = 1;
delayNOP();
    result = (bit)(P0&0x80);
    LCD_EN = 0;
    return(result);
 }
/************************************************************************/
/*                                                                      */
/*写指令数据到LCD                                                         */
/*RS=L，RW=L，E=高脉冲，D0-D7=指令码                                       */
/*                                                                      */
/************************************************************************/
void lcd_wcmd(uchar cmd)
{
   while(lcd_busy());
    LCD_RS = 0;
    LCD_RW = 0;
    LCD_EN = 0;
    _nop_();
    _nop_();
    P0 = cmd;
delayNOP();
    LCD_EN = 1;
delayNOP();
    LCD_EN = 0;
}
/************************************************************************/
/*                                                                      */
/*写显示数据到LCD                                                         */
/*RS=H，RW=L，E=高脉冲，D0-D7=数据                                         */
/*                                                                      */
/************************************************************************/
void lcd_wdat(uchar dat)
{
   while(lcd_busy());
    LCD_RS = 1;
    LCD_RW = 0;
    LCD_EN = 0;
    P0 = dat;
delayNOP();
    LCD_EN = 1;
delayNOP();
```

```
    LCD_EN = 0;
}
/*********************************************************************/
/*                                                                   */
/*  LCD初始化设定                                                     */
/*                                                                   */
/*********************************************************************/
void lcd_init()
{

    LCD_PSB = 1;              //并口方式

    lcd_wcmd(0x34);           //扩充指令操作
delay(5);
    lcd_wcmd(0x30);           //基本指令操作
delay(5);
    lcd_wcmd(0x0C);           //显示开，关光标
delay(5);
    lcd_wcmd(0x01);           //清除LCD的显示内容
delay(5);
}
/*********************************************************************/
/*                                                                   */
/*  键盘扫描                                                          */
/*                                                                   */
/*********************************************************************/
void scan()
{
      P1=0xf0;                //所有行线置为低电平“0”，所有列线置为高电平“1”
    if((P1&0xf0)!=0xf0)       //列线中有一位为低电平“0”，说明有按键按下
      delay(10);              //延时一段时间、软件消抖
    if((P1&0xf0)!=0xf0)       //确实有按键按下
      {
        P1=0xfe;              //第一行置为低电平“0”（P1.0输出低电平“0”）
        if(P14==0)            //如果检测到接P1.4引脚的列线为低电平“0”
            keyval=1;         //可判断K1按键被按下
        if(P15==0)            //如果检测到接P1.5引脚的列线为低电平“0”
            keyval=2;         //可判断K2按键被按下
        if(P16==0)            //如果检测到接P1.6引脚的列线为低电平“0”
            keyval=3;         //可判断K3按键被按下
        if(P17==0)            //如果检测到接P1.7引脚的列线为低电平“0”
            keyval=4;         //可判断K4按键被按下

        P1=0xfd;              //第二行置为低电平“0”（P1.0输出低电平“0”）
       if(P14==0)             //如果检测到接P1.4引脚的列线为低电平“0”
            keyval=5;         //可判断K5按键被按下
          if(P15==0)          //如果检测到接P1.5引脚的列线为低电平“0”
            keyval=6;         //可判断K6按键被按下
          if(P16==0)          //如果检测到接P1.6引脚的列线为低电平“0”
            keyval=7;         //可判断K7按键被按下
```

```
        if(P17==0)      //如果检测到接P1.7引脚的列线为低电平“0”
          keyval=8;     //可判断K8按键被按下

        P1=0xfb;        //第三行置为低电平“0”（P1.0输出低电平“0”）
    if(P14==0)          //如果检测到接P1.4引脚的列线为低电平“0”
          keyval=9;     //可判断K9按键被按下
        if(P15==0)      //如果检测到接P1.5引脚的列线为低电平“0”
          keyval=10;    //可判断K10按键被按下
        if(P16==0)      //如果检测到接P1.6引脚的列线为低电平“0”
          keyval=11;    //可判断K11按键被按下
        if(P17==0)      //如果检测到接P1.7引脚的列线为低电平“0”
          keyval=12;    //可判断K12按键被按下

        P1=0xf7;        //第四行置为低电平“0”（P1.0输出低电平“0”）
    if(P14==0)          //如果检测到接P1.4引脚的列线为低电平“0”
          keyval=13;    //可判断K13按键被按下
        if(P15==0)      //如果检测到接P1.5引脚的列线为低电平“0”
          keyval=14;    //可判断K14按键被按下
        if(P16==0)      //如果检测到接P1.6引脚的列线为低电平“0”
          keyval=15;    //可判断K15按键被按下
        if(P17==0)      //如果检测到接P1.7引脚的列线为低电平“0”
          keyval=16;    //可判断K16按键被按下
            }
}
/*******************************************************************/
/*                                                                 */
/*  LCD显示初始化设定                                               */
/*                                                                 */
/*******************************************************************/
void display_init()
{
    uchar i;
   lcd_pos(0,2);                    //设置显示位置为第1行的第3个字符
        i = 0;
        while(dis1[i] != '\0')
        {                           //显示字符
            lcd_wdat(dis1[i]);
            i++;
        }

        lcd_pos(1,0);               //设置显示位置为第2行的第1个字符
        i = 0;
        while(dis2[i] != '\0')
        {                           //显示字符
            lcd_wdat(dis2[i]);
            i++;
        }

        lcd_pos(2,0);               //设置显示位置为第3行的第1个字符
        i = 0;
```

```
            while(dis3[i] != '\0')
            {                           //显示字符
                lcd_wdat(dis3[i]);
                i++;
            }

            lcd_pos(3,0);               //设置显示位置为第4行的第1个字符
            i = 0;
            while(dis4[i] != '\0')
            {                           //显示字符
                lcd_wdat(dis4[i]);
                i++;
            }
    }
    /*****************************************************************/
    /*                                                               */
    /*  LCD显示                                                      */
    /*                                                               */
    /*****************************************************************/
    void display_deal()
    {
        int num,num_wei,res,sym;
        uint a,b,c;
        switch(keyval)
        {
            case 1:num=1;num_wei++;break;//1
            case 2:num=2;num_wei++;break;//2
            case 3:num=3;num_wei++;break;//3
            case 5:num=4;num_wei++;break;//4
            case 6:num=5;num_wei++;break;//5
            case 7:num=6;num_wei++;break;//6
            case 9:num=7;num_wei++;break;//7
            case 10:num=8;num_wei++;break;//8
            case 11:num=9;num_wei++;break;//9
            case 14:num=0;num_wei++;break;//0

            case 4:sym=1;num_wei=0;break;     // +
            case 8:sym=2;num_wei=0;break;     // -
            case 12:sym=3;num_wei=0;break;    // *
            case 16:sym=4;num_wei=0;break;    // /

            case 13:sym=num_wei=res=0;num=16;display_init();break;//复位
            case 15:res=1;break;//结果
        }

        if(num_wei==1&&sym==0&&res==0)//数字1
        {
            a=num;
            lcd_pos(1,6);lcd_wdat(dis5[num]);//显示
```

```
    }
    if(num_wei==1&&sym!=0&&res==0)//数字2
    {
        b=num;
        lcd_pos(2,6);lcd_wdat(dis5[num]);//显示

    }
    if(res==1)//结果
    {
        if(sym==1)c=a+b;
        else if(sym==2)c=a-b;
                 else if(sym==3)c=a*b;
                             else if(sym==4)c=a/b;
        if(c<10)//显示
        {
          lcd_pos(3,6);
          lcd_wdat(dis5[c]);
        }
        else if(c<100)
                {
                    lcd_pos(3,5);lcd_wdat(dis5[c/10]);
                    lcd_pos(3,6);lcd_wdat(dis5[c%10]);
                }
                else
                {
                    lcd_pos(3,4);lcd_wdat(dis5[c/100]);
                    lcd_pos(3,5);lcd_wdat(dis5[c%100/10]);
                    lcd_pos(3,6);lcd_wdat(dis5[c%100%10]);
                }

    }
}
/********************************************************************/
/*                                                                  */
/* 主程序                                                           */
/*                                                                  */
/********************************************************************/
main()
 {
   lcd_init();                    //初始化LCD
   display_init();                //LCD显示初始化
while(1)
{
       scan();                    //按键扫描
       display_deal();            //显示
   }
}

/********************************************************************/
/*                                                                  */
```

```
/* 延时x*0.14ms子程序                                              */
/*                                                                 */
/*****************************************************************/
void delay0(uchar x)          //x*0.14ms
{
 uchar i;
 while(x--)
 {
  for (i = 0; i<13; i++) {}
 }
}
/*****************************************************************/
/*                                                                 */
/* 设定显示位置                                                     */
/*                                                                 */
/*****************************************************************/
void lcd_pos(uchar X,uchar Y)
{
uchar  pos;
   if (X==0)
     {X=0x80;}
   else if (X==1)
     {X=0x90;}
   else if (X==2)
     {X=0x88;}
   else if (X==3)
     {X=0x98;}
   pos = X+Y ;
   lcd_wcmd(pos);     //显示地址
}
```

三、仿真与调试运行

（1）打开 Keil 软件，新建项目，选择 AT89C51 单片机作为 CPU，新建 C 程序源文件，编写程序，并将其添加到“Source Group 1”中。在“Options for Target”对话框中，选中“Output”选项卡中的“Create HEX File”选项和“Debug”选项卡中的“Use：Proteus VSM Simulator”选项。编译 C 源程序，改正程序中出现的错误。

（2）在 Keil 的菜单中选择“Debug”→“Debug/Stop Debug Session”命令，或者直接单击工具栏中的“Debug/Stop Debug Session”图标，进入程序调试环境。按 F5 键，顺序运行程序，调出“Proteus ISIS”界面，观察程序运行结果，计算器仿真效果图如图 9-9 所示，如有问题，应反复调试，直到仿真成功。

（3）将单片机芯片插入芯片座，连接好计算机和电路板，打开程序烧录软件，将由 Keil 软件生成的 HEX 文件写入单片机。

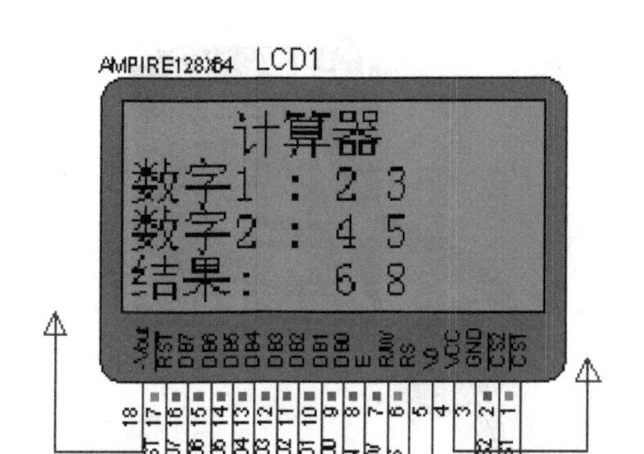

图 9-9 计算器仿真效果图

（4）单片机写入程序后，接通电源，观察系统运行状态是否符合要求，如有问题，应对硬件和软件进行调试。

任务四 密码锁——步进电机的应用

任务描述

本任务是用单片机控制步进电机的正反转。

学习目标

技能目标	1．根据任务要求搭建步进电机电路。 2．根据任务要求进行步进电机驱动程序的编写、调试。
知识目标	1．掌握步进电机的工作原理。 2．掌握步进电机驱动电路的工作原理。

一、电路设计

按图 9-10 搭建密码锁——步进电机电路。

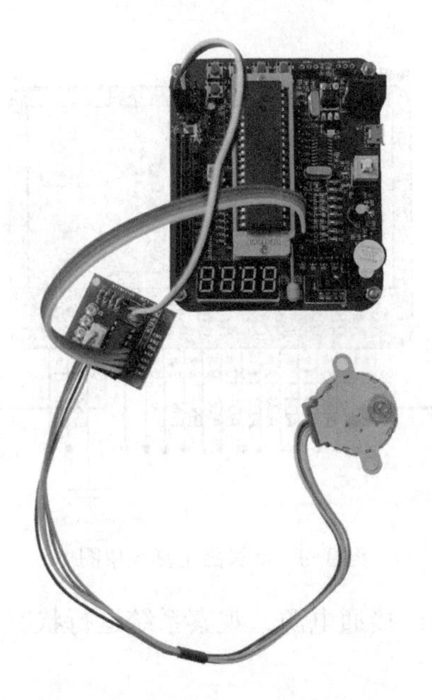

图 9-10　密码锁——步进电机电路

二、仿真电路设计

密码锁——步进电机仿真电路如图 9-11 所示。

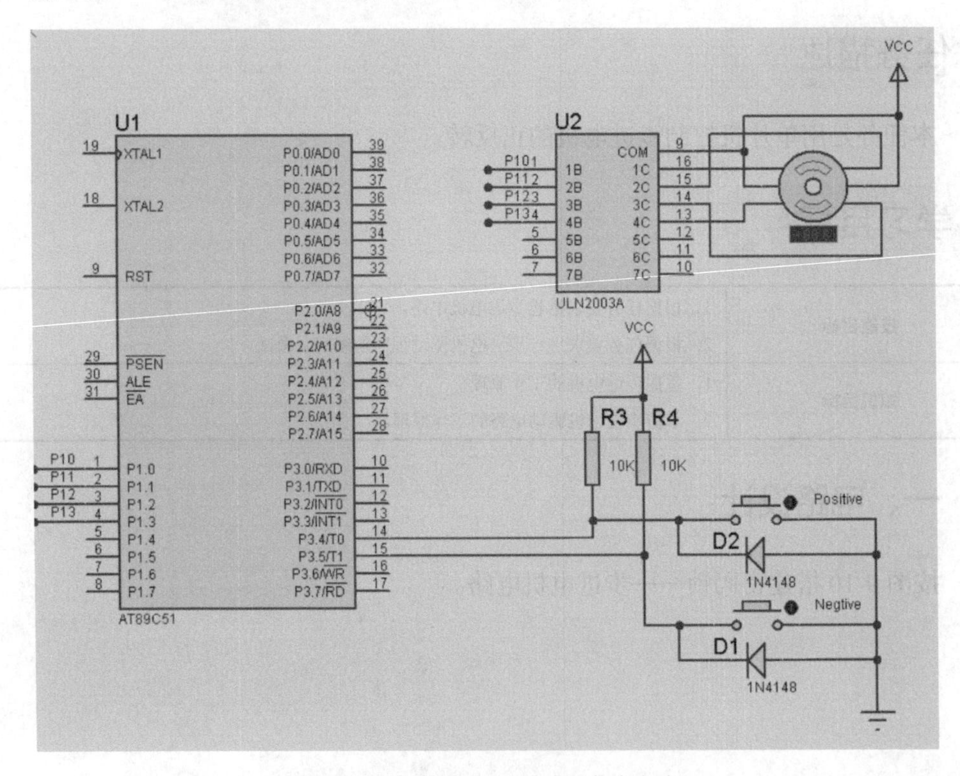

图 9-11　密码锁——步进电机仿真电路

三、程序设计

```
#include<reg51.h>
#define uchar unsigned char
#define uint unsigned int
#define out P1
sbit pos=P3^4;//将正转按钮定义为P3.4引脚
sbit neg=P3^5;//将反转按钮定义为P3.5引脚
void delayms(uint);
uchar code turn[]={0x02,0x06,0x04,0x0c,0x08,0x09,0x01,0x03};
/*******************************************************************/
/*                                                                 */
/* 主函数                                                          */
/*                                                                 */
/*******************************************************************/
void main(void)
{
    uchar i;
    out=0x03;            //初始化P1口
    while(1)
    {
        if(!pos)         //按下正转按钮，电机正转
        {
            i = i <8 ? i+1 : 0;
            out=turn[i];
            delayms(1);
        }
        else if(!neg)    //按下反转按钮，电机反转
        {
            i = i >0 ? i-1 : 7;
            out=turn[i];
            delayms(1);
        }
    }
}
/*******************************************************************/
/*                                                                 */
/* 延时函数                                                        */
/*                                                                 */
/*******************************************************************/
void delayms(uint j)
{
    uchar i;
    for(;j>0;j--)
    {
        i=250;
        while(--i);
        i=249;
        while(--i);
```

```
        }
    }
```

四、仿真与调试运行

（1）打开 Keil 软件，新建项目，选择 AT89C51 单片机作为 CPU，新建 C 程序源文件，编写程序，并将其添加到“Source Group 1”中。在“Options for Target”对话框中，选中“Output”选项卡中的“Create HEX File”选项和“Debug”选项卡中的“Use:Proteus VSM Simulator”选项。编译 C 源程序，改正程序中出现的错误。

（2）在 Keil 的菜单中选择“Debug”→“Debug/Stop Debug Session”命令，或者直接单击工具栏中的“Debug/Stop Debug Session”图标，进入程序调试环境。按 F5 键，顺序运行程序，调出“Proteus ISIS”界面，观察程序运行结果，密码锁——步进电机仿真效果图如图 9-12 所示。如有问题，应反复调试，直到仿真成功。

（3）将单片机芯片插入芯片座，连接好计算机和电路板，打开程序烧录软件，将由 Keil 软件生成的 HEX 文件写入单片机。

（4）单片机写入程序后，接通电源，观察系统运行状态是否符合要求。如有问题，应对硬件和软件进行调试。

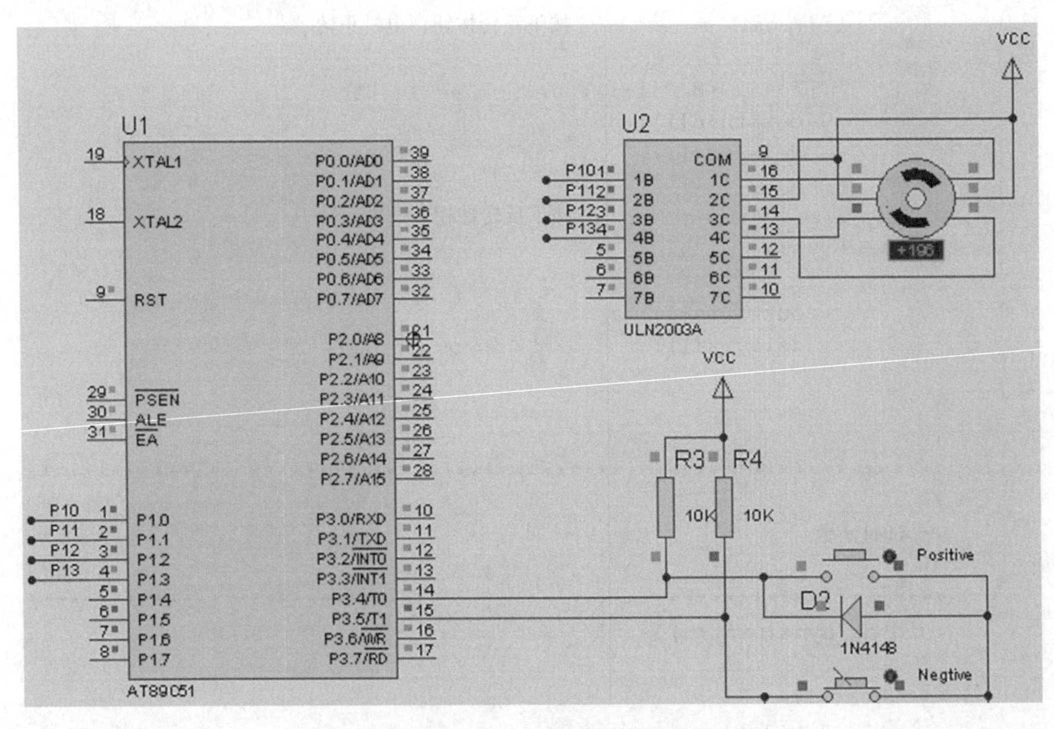

图 9-12　密码锁——步进电机仿真效果图

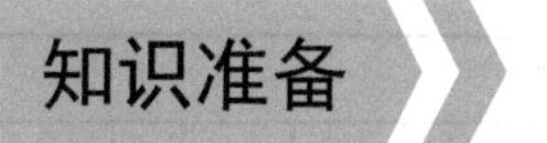

知识点　DM12864 点阵液晶显示器

DM12864 是一种图形点阵液晶显示器，主要采用动态驱动原理，由行驱动控制器和列驱动控制器两部分组成 128 列×64 行的全点阵液晶显示模块，具有以下特点。

（1）工作电压为+5V，可自带驱动 LCD 所需的负电压。

（2）全屏幕点阵数为 128 列×64 行，可显示 8 个/行×4 行/个 16×16 点阵汉字，也可完成图形、字符的显示。

（3）与 CPU 的接口采用 5 条位控制总线和 8 位并行数据总线，适配 M6800 系列时序。

（4）内部有显示数据锁存器。

（5）操作指令简单，有显示开关设置、显示起始行设置、地址指针设置和数据读/写等指令。

1. DM12864 引脚特性

DM12864 的引脚特性见表 9-5。

表 9-5　DM12864 的引脚特性

引 脚 号	引 脚 名 称	电　平	引脚功能描述
1	VSS	0V	接地
2	VDD	+5.0V	模组逻辑供电电压正极
3	V0	—	液晶显示对比度调节
4	D/I	H/L	寄存器与显示内存操作选择，1 表示对寄存器指令进行操作，0 表示对数据进行操作
5	R/W	H/L	MCU 读写控制器信号
6	E	H/L	读写使能信号
7～14	DB0～DB7	H/L	八位三态并行数据总线
15	CS1	H/L	片选信号，当 CS1=H 时，选择左半屏
16	CS2	H/L	片选信号，当 CS2=H 时，选择右半屏
17	$\overline{RST}$	H/L	复位信号，低电平有效
18	VEE	-10V	输出-10V
19	LED+	+5V	背光电源，Idd≤720mA
20	LED-	-5V	

2. DM12864 指令说明

DM12864 指令见表 9-6。

表 9-6　DM12864 指令

指令名称	控制信号		控制代码							
	RS	R/W	D7	D6	D5	D4	D3	D2	D1	D0
显示开关设置	0	0	0	0	1	1	1	1	1	D
显示起始行设置	0	0	1	1	L5	L4	L3	L2	L1	L0
页面地址设置	0	0	1	0	1	1	1	P2	P1	P0
列地址设置	0	0	0	1	C5	C4	C3	C2	C1	C0
读取状态字	0	1	BUSY	0	ON/OFF	RESET	0	0	0	0
写显示数据	1	0	数据							
读显示数据	1	1	数据							

下面详细说明各指令的意义。

1）显示开关设置指令

该指令设置显示开关触发器的状态，由此控制显示数据锁存器的工作方式，从而控制显示屏上的显示状态。D 位为显示开关的控制位。D=1 表示开显示设置，显示数据锁存器正常工作，显示屏上呈现所需的显示效果。此时状态字中 ON/OFF=0。D=0 表示关显示设置，显示数据锁存器被清零，显示屏呈不显示状态，但显示存储器并没有被破坏，状态字中 ON/OFF=1。

2）显示起始行设置指令

该指令设置了显示起始行寄存器的内容。LCM（液晶显示模块）通过 CS 的选择分别具有 64 行显示的管理能力，该指令中 L5～L0 为显示起始行的地址，取值为 0～3FH（1～64 行），它规定了显示屏顶行所对应的显示存储器的行地址。如果定时间隔、等间距地修改（如加 1 或减 1）显示起始行寄存器的内容，则显示屏将呈现显示内容向上或向下平滑滚动的显示效果。

3）页面地址设置指令

该指令设置了页面地址——X 地址寄存器的内容。LCM 将显示存储器分成 8 页，指令代码中 P2～P0 确定当前所要选择的页面地址，取值范围为 0～7H，代表第 1～8 页。该指令规定了以后的读写操作将在哪个页面上进行。

4）列地址设置指令

该指令设置了 Y 地址计数器的内容，LCM 通过 CS 的选择分别具有 64 列显示的管理能力，C5～C0=0～3FH（1～64）代表某一页面上的某一单元地址，随后的一次读或写数据将在这个单元上进行。Y 地址计数器具有自动加 1 功能，在每一次读写数据后它将自动加 1，所以在连续读写数据时，Y 地址计数器不必每次都设置。页面地址的设置和列地址的设置将显示存储器单元唯一地确定下来，为后来的显示数据的读写进行了地址的选通。

5）写显示数据指令

该操作将 8 位数据写入先前已确定的显示存储器的单元内。操作完成后列地址计数器自动加 1。

6）读取状态字指令

状态字是 CPU 了解 LCM（液晶显示模块）当前状态，或 LCM 向 CPU 提供其内部状态的唯一的信息渠道。

BUSY 表示当前 LCM 接口控制电路运行状态，BUSY=1 表示 LCM 正在处理 CPU 发过来的指令或数据，此时接口电路被封锁，不能接收除读状态字以外的任何操作。BUSY=0 表示 LCM 接口控制电路已处于“准备好”状态，等待 CPU 的访问。

7）读显示数据指令

该操作将 LCM 接口的输出寄存器内容读出，然后列地址计数器自动加 1。

3. DDRAM

DDRAM（64×8×8 bit）的作用是存储显示数据，其每一位数据对应显示面板上一个点的显示（数据为 H）与不显示（数据为 L），表 9-7 为 DDRAM 地址表。

表 9-7　DDRAM 地址表

CS1=1						CS2=1					
Y=	0	1	…	62	63	0	1	…	62	63	行号
X=0	DBO ↓ DB7	DBO ↓ DB7	DBO ↓ DB7	DBO ↓ DB7	DBO ↓ DB7	DBO ↓ DB7	DBO ↓ DB7	DBO ↓ DB7	DBO ↓ DB7	DBO ↓ DB7	0 ↓ 7
↓	DBO ↓ DB7	DBO ↓ DB7	DBO ↓ DB7	DBO ↓ DB7	DBO ↓ DB7	DBO ↓ DB7	DBO ↓ DB7	DBO ↓ DB7	DBO ↓ DB7	DBO ↓ DB7	8 ↓ 55
X=7	DBO ↓ DB7	DBO ↓ DB7	DBO ↓ DB7	DBO ↓ DB7	DBO ↓ DB7	DBO ↓ DB7	DBO ↓ DB7	DBO ↓ DB7	DBO ↓ DB7	DBO ↓ DB7	56 ↓ 63

课后练习：设计电子密码锁。